JN298314

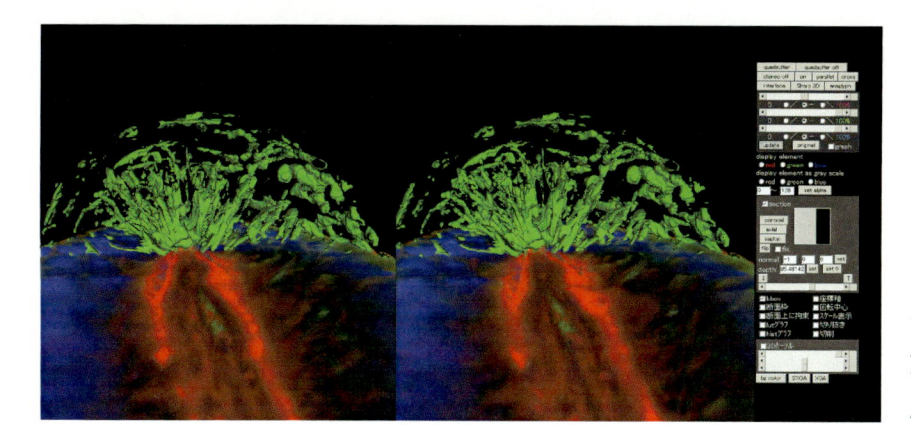

口絵1　光学顕微鏡による膵臓組織
青色は腺房細胞，ピンク色は導管を示す．Actioforma CDK の交差法裸眼立体視表示画面．（データ提供：新潟大学医学部牛木辰男教授）[→ p.6]

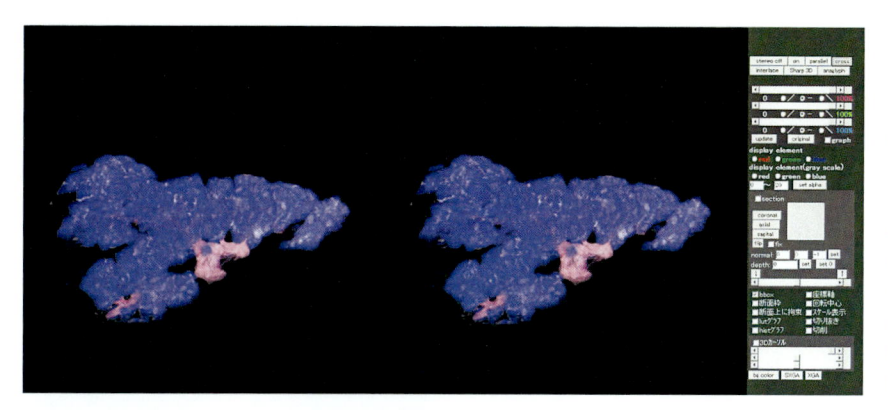

口絵2　光シート型顕微鏡（Digital Scanned Light-sheet Microscope：DSLM）によるマウス固定胚（交尾後6.5日）
緑色は微小管（Glu-tubulin 抗体染色），赤色はアクチン繊維（phalloidin 染色），青色は核を示す．Actioforma CDK による交差法裸眼立体視表示画面．（データ提供：基礎生物学研究所時空制御研究室野中茂紀准教授）[→ p.6]

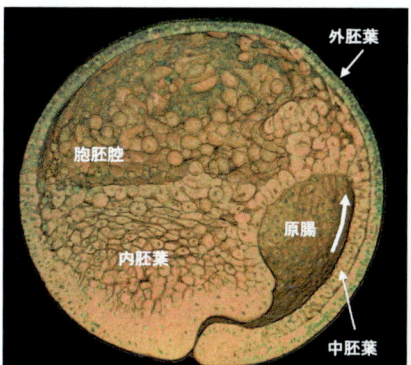

口絵3　立体構築モデル [→ p.41]

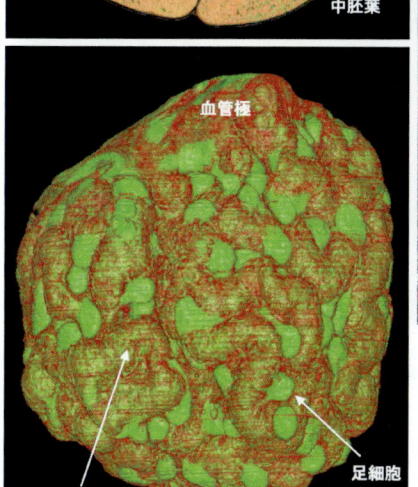

イモリ原腸胚の正中矢状断
矢印の方向に中胚葉が陥入し，原腸が形成される．

ニワトリ神経胚の横断面
体の基本構造が形成されている．

マウスの腎臓の糸球体
毛細血管の周囲を足細胞が取り巻いている．

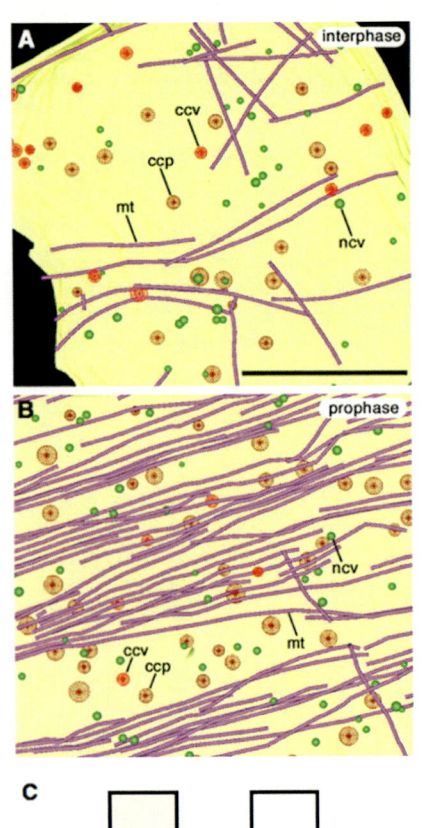

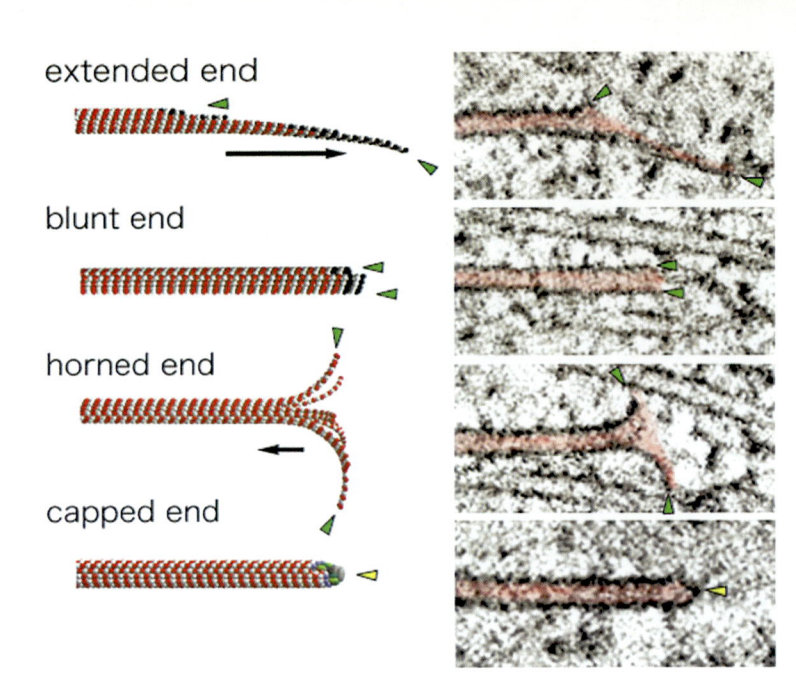

口絵5 微小管端の構造のモデルとタマネギ子葉表皮の微小管端のトモグラフィ画像 [→p.58]

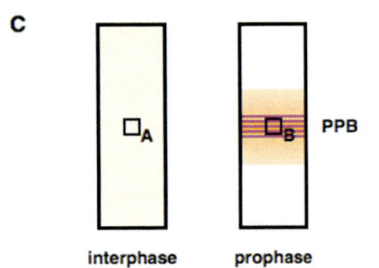

口絵4 微小管と小胞の分布のモデル（Karahara et al.（2009）を一部改変）[→p.57]

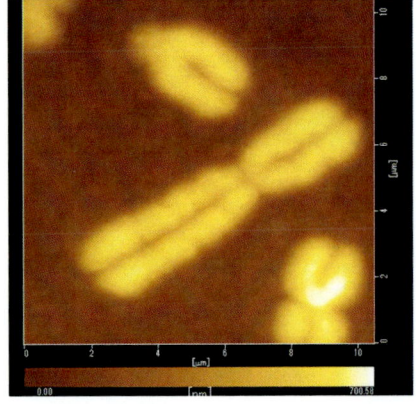

口絵6 ヒト染色体のAFM像 [→p.96]

口絵7 アナグラフ表示によるAFMのステレオイメージング（コラーゲン細線維）[→p.98]

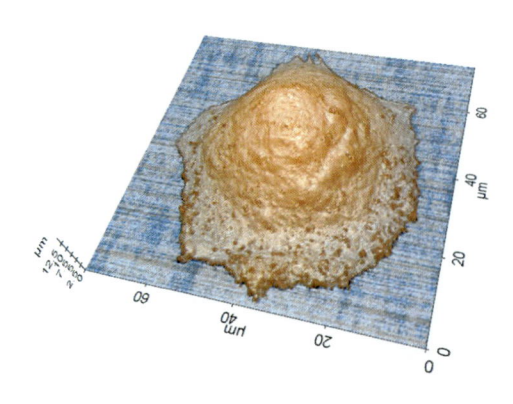

口絵8 SICMによるHeLa細胞の液中イメージング [→p.99]

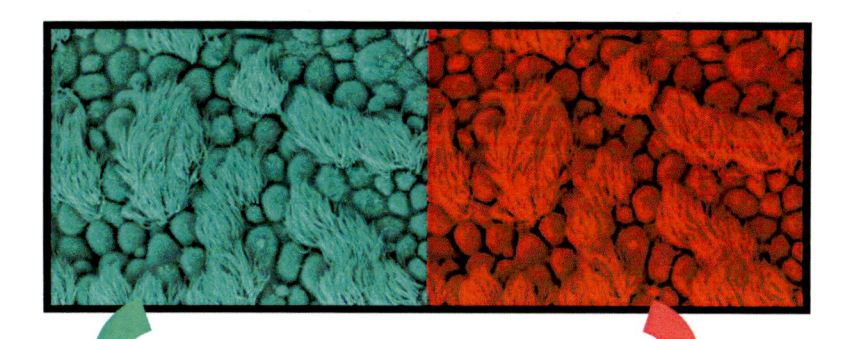

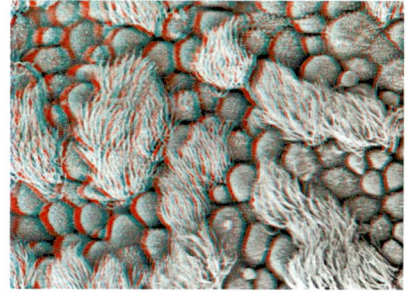

口絵9　アナグリフ法
　SEM画像は白黒なので，ステレオペアの右眼像を赤色に，左眼像を青色にして重ねあわせる．この図を投影し，赤青メガネ（左眼が赤，右眼が青）で眺めると，立体像として観賞することができる．[→p.83]

アナグリフ

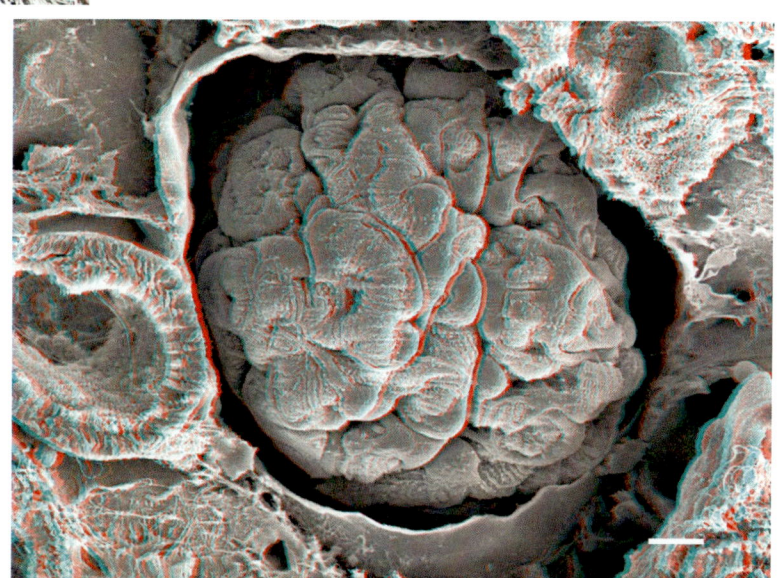

口絵10　ステレオペアのアナグリフ表示例（ラット腎小体）
ステレオペア像をコンピュータソフトによりアナグリフ表示させたもの．赤青メガネにより，簡単に立体視ができる．バーは10μm．[→p.84]

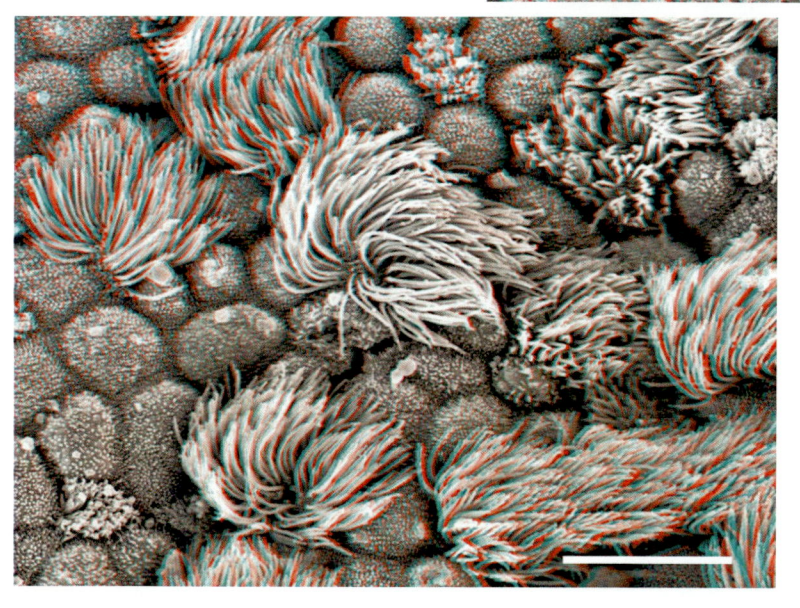

口絵11　ステレオペアのアナグリフ表示例（ラット気管内腔）
気管の線毛細胞の線毛がそよいでいる様子が立体的に見えている．バーは10μm．[→p.84]

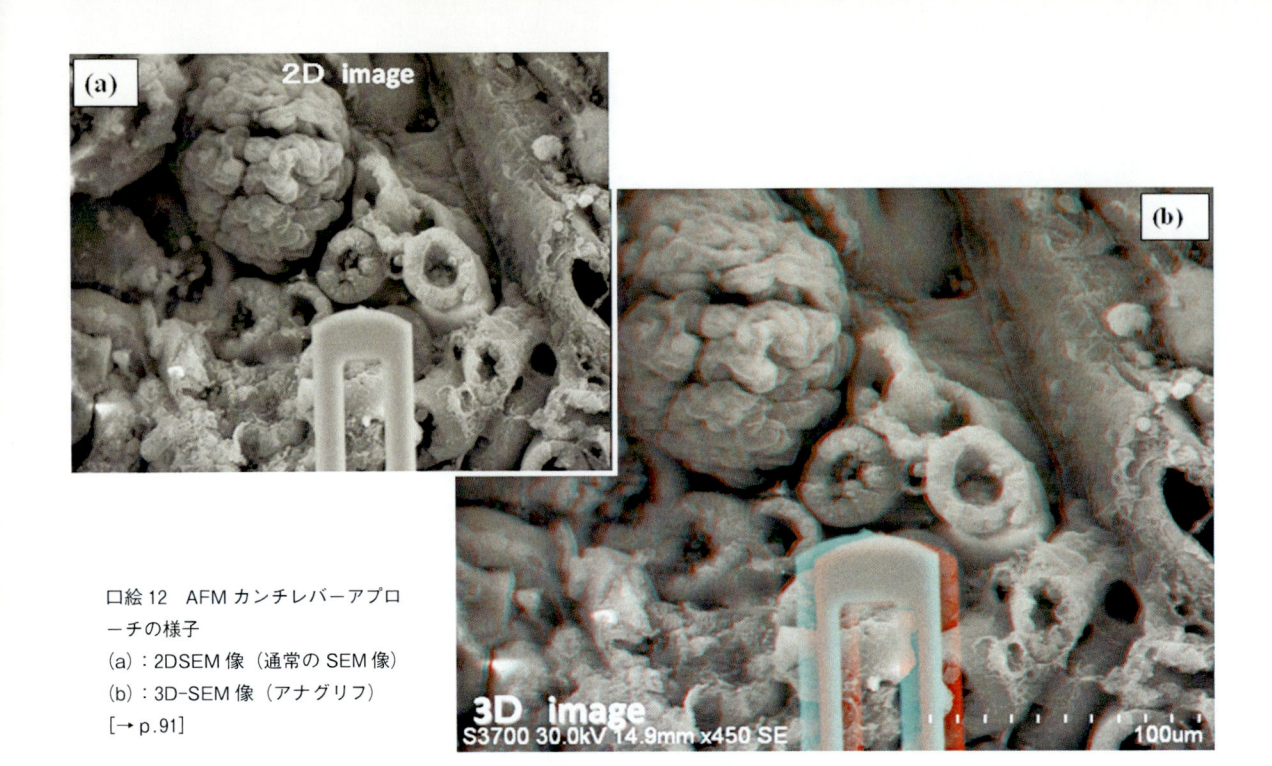

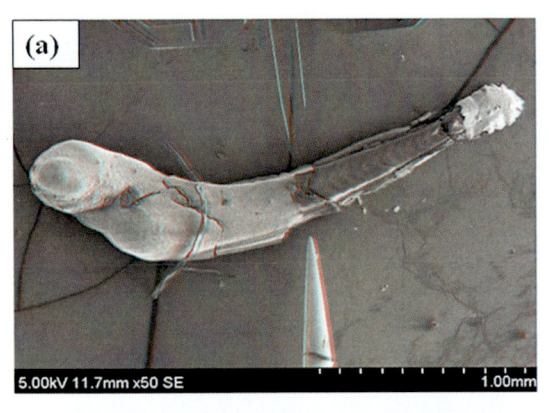

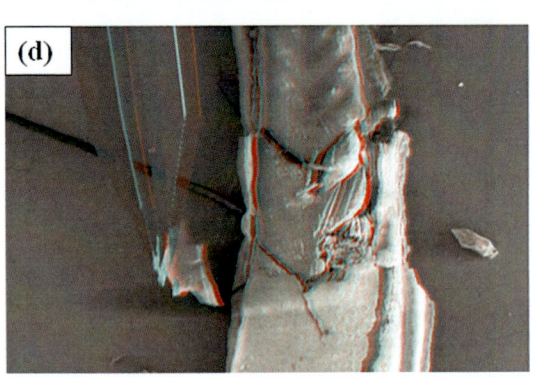

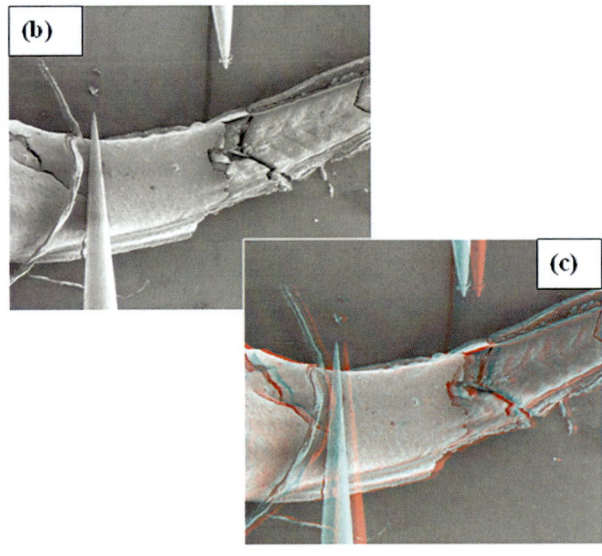

口絵12 AFM カンチレバーアプローチの様子
(a)：2D SEM 像（通常の SEM 像）
(b)：3D-SEM 像（アナグリフ）
[→ p.91]

口絵13 ゼブラフィッシュ稚魚の顕微解剖
(a)：ゼブラフィッシュ稚魚の 3D 像（アナグリフ），
(b)：2D 像，(c)：3D 像（アナグリフ），(d)：ナノピンセットを用いた解剖の 3D 像（アナグリフ）．
[→ p.93]

3Dで探る
生命の形と機能

NPO法人
綜合画像研究支援 編

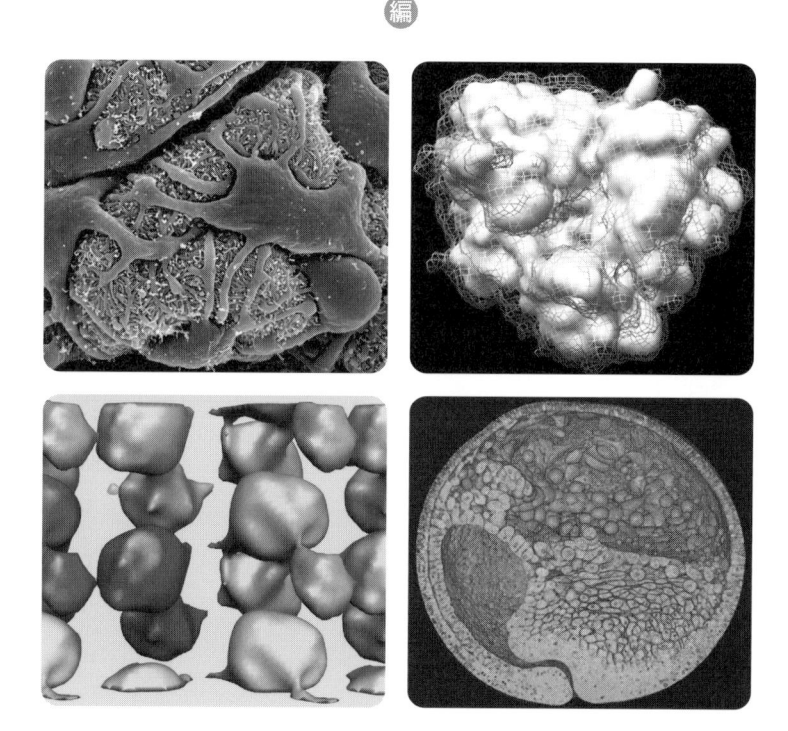

朝倉書店

◆編者 (五十音順)

牛木辰男 (うしきたつお)	NPO法人 綜合画像研究支援理事・新潟大学大学院医歯学総合研究科教授
大隅正子 (おおすみまさこ)	NPO法人 綜合画像研究支援理事長・日本女子大学名誉教授
山科正平 (やましなしょうへい)	NPO法人 綜合画像研究支援理事・北里大学名誉教授

◆執筆者 (執筆順)

牛木辰男	NPO法人 綜合画像研究支援理事・新潟大学大学院医歯学総合研究科
高沖英二	株式会社メタ・コーポレーション・ジャパン
伊藤 広	EIZO株式会社
駒崎伸二	埼玉医科大学医学部解剖学
亀澤 一	埼玉医科大学医学部解剖学
猪股玲子	埼玉医科大学医学部解剖学
光岡 薫	一般社団法人 バイオ産業情報化コンソーシアム
峰雪芳宣	兵庫県立大学大学院生命理学研究科
臼倉治郎	名古屋大学エコトピア科学研究所
於保英作	工学院大学情報学部情報デザイン学科
伊東祐博	株式会社日立ハイテクノロジーズ
小竹 航	株式会社日立ハイテクノロジーズ
山澤 雄	株式会社日立ハイテクノロジーズ
岩田 太	静岡大学大学院工学研究科

はじめに：急速に進化する 3D ワールド

　近年のイメージング技術の進歩は著しい．とくにこの数年は，ハリウッドの立体映画の上映を機に，立体映像とその「3D」イメージングがブームになっている．
　ところで「3D」という言葉で皆さんは何を思い浮かべるだろうか．実は，「3D」といった場合は，平面情報から立体像を組み立てる，いわゆる「3D 再構築（3 次元再構築，立体再構築）」と，両眼視を可能にする「立体視（3D イメージング）」の 2 つの意味が曖昧に含まれている．2 つはもちろん重なり合うテクニックではあるが，正しく内容を理解するためにはひとまず両者を分けて考える必要があるだろう．
　まず「3D 再構築」であるが，これは 2 次元の情報から 3 次元空間に再構築する手法の総称である．たとえば，現在は病院において，CT や MRI というような装置で人体の横断像を簡単に得ることができるようになってきている．こうした横断像は 2 次元情報であるが，最近では連続する 2 次元横断像をコンピュータにより簡単に重ね合わせて 3 次元情報を取得することが可能になっている．もっとも，こうした 2 次元切片像の 3 次元再構築は顕微鏡の分野では古くから行われてきた手法である．たとえば包埋した標本の連続切片を作製して，これを光学顕微鏡で観察・撮影したのちに，目的の構造を段ボールや厚紙にトレースし，それを切り出して重ね合わせることで立体像を復元することが行われてきた．しかし，最近のコンピュータの進歩で，そんな複雑な手作業を行うこともなく，3 次元再構築の作業をコンピュータで簡単にしかも正確に行うことができるようになった．さらにその立体表示もコンピュータの仮想的な 3 次元空間で表現されるようになってきている．また，近年その発達と普及の著しい共焦点レーザー顕微鏡の分野においては，厚い切片の連続断層像を顕微鏡で簡単に取得することができるため，その 3 次元再構築像も簡単に作製することができるし，コンピュータの仮想 3D 空間で再構築像を表示しながら，自由に回転させて解析することが可能である．その点では，このような仮想的 3D 空間でのイメージングの重要さはますます増してきているといえるだろう．
　「3D」のもう 1 つの意味に当たる「立体視（3D イメージング）」の方はどうだろうか．実はこの技法も新しいようできわめて古い．その原理そのものは写真の発明とともに考案されたものなので，既に最初の立体視は 19 世紀の半ばに行われている．まず，イギリスのチャールズ・ホイートストンが 1832 年に両眼立体視ができる「ステレオスコープ」を発明した．その後 1949 年にスコットランドのダニエル・ブリュースターが汎用的なステレオ・スコープを発表してからは，しばらく 3D イメージングがブームになった．このステレオ・スコープは幕末の日本にも紹介されている．しかし，道具立ての難しさから，このブームは下火になり，その後，何度かブームになっては下火になることを繰り返してきた．その点では，今回のブームは数度目のリバイバルと

いうことになるわけである．しかし，今回については，近年のコンピュータ技術の著しい発展により，これまでの立体視において障壁となっていた撮影法や観察法が急速に進歩してきている点を見逃すことはできない．実際に街には3D対応シアターが増加し，3D映画が上映されることが一般的になってきたし，テレビも3D対応のものが増えてきている．その点からしても，立体視が顕微鏡の分野に浸透してきてもいささかも不思議ではないだろう．

そこで，本書では最先端の3Dイメージング技法についての基礎を整理し，そのバイオの顕微鏡分野への多様な応用の現状を紹介する．まず第1章と第2章では，それぞれ3D再構築法と立体視（3Dイメージング）の基礎について概説する．次に光学顕微鏡を用いた3D技法として，実体顕微鏡を用いた3Dイメージング（第3章）と連続組織切片の3D再構築法（第4章）について紹介する．また生物学の分野では電子顕微鏡は必須のアイテムであるが，これについては，電子線トモグラフィー法（第5章）と走査型電子顕微鏡による3D技法の現状（第6章）を紹介する．さらに最後に走査型プローブ顕微鏡の3Dイメージングの世界（第7章）にも少し触れる．これにより，生物学，とくに形態科学の分野での3D技法の発展を俯瞰し，3Dイメージングのバイオ顕微鏡分野の将来を展望してみることにしたい．

2013年9月　　　　　　　　　　　　　　　　　　　　　　　　　　牛　木　辰　男

目　　次

はじめに：急速に進化する 3D ワールド　［牛木辰男］

1. 3D 再構築と仮想立体視の基礎 ─────────────────────────────　［高沖英二］　*1*
 1.1　3D 再構築の基礎　*1*
  1.1.1　多面体（ポリゴン）モデルとポリゴンレンダリング　*1*
  1.1.2　ボクセルモデルとボリュームレンダリング　*3*
  1.1.3　3D 再構築と S3D の実例　*6*
 1.2　仮想立体視の基礎　*7*
  1.2.1　2 つの投影法　*7*
  1.2.2　S3D の幾何学　*8*
  1.2.3　S3D 撮影法　*10*
  1.2.4　S3D の観察位置と見かけの歪　*10*
  1.2.5　大型スクリーンにおける S3D　*12*
  1.2.6　S3D 上映における注意点　*12*
  1.2.7　ま　と　め　*13*

2. 3D イメージングの基礎 ─────────────────────────────　［伊藤　広］　*14*
 2.1　立体視の基礎　*14*
  2.1.1　3D とは　*12*
  2.1.2　ヒトの視覚と 3D　*14*
  2.1.3　「3D」の定義　*16*
 2.2　3D イメージングの原理　*16*
  2.2.1　視差情報による 3D イメージング　*16*
  2.2.2　2 眼式と多眼式　*17*
  2.2.3　交差法と平行法　*18*
 2.3　3D イメージングのための表示法　*18*
  2.3.1　観視方式　*19*
  2.3.2　混在表示方式　*20*
 2.4　各種 3D 表示方式の比較　*21*
  2.4.1　3D 映画方式の比較　*21*
  2.4.2　3D-ＴＶ方式の比較　*23*
  2.4.3　3D 液晶モニター方式の比較　*25*

2.4.4　その他の方式　*26*
　2.5　ま　と　め　*27*

3. 実体顕微鏡の 3D イメージング法 ────────────────────［高沖英二］　*29*
　3.1　双眼実体顕微鏡の利用と種類　*29*
　　3.1.1　グリノー式実体顕微鏡　*30*
　　3.1.2　ガリレイ式実体顕微鏡　*30*
　3.2　双眼実体顕微鏡を用いた 3D 動画記録の方法　*30*
　　3.2.1　視差の問題　*30*
　　3.2.2　高速カメラによる 3D 動画撮影　*31*
　　3.2.3　通常速度の動画撮影　*31*
　　3.2.4　安価な 3D 動画撮影システムの可能性　*32*
　　3.2.5　3D 動画の編集と上映　*32*

4. 連続切片を用いた胚や組織の立体再構築 ──────［駒崎伸二・亀澤　一・猪股玲子］　*33*
　4.1　連続写真画像に含まれる構造の輪郭をトレースしたデータから立体再構築する方法　*33*
　　4.1.1　使用するソフト　*35*
　　4.1.2　作業の実際　*35*
　4.2　連続切片の写真から直接に立体モデルを作製するボリュームレンダリング法　*38*
　　4.2.1　使用するソフト　*38*
　　4.2.2　作業の実際　*39*
　　4.2.3　ボリュームレンダリングされた立体モデルを観察するためのソフト（ビュアー）　*40*
　4.3　ボリュームレンダリング法で作製された立体モデルの観察モード　*40*
　　4.3.1　擬似カラーや影づけなどによる立体モデルや断面構造の強調　*40*
　　4.3.2　立体モデルのバーチャルな微小解剖　*42*
　　4.3.3　様々なモードによる立体モデルの表現法　*42*
　　4.3.4　高精細な立体モデルの作製　*44*
　　4.3.5　他の方法との組合せ　*44*
　4.4　ま　と　め　*44*

5. 電子線トモグラフィー法 ─────────────［光岡　薫・峰雪芳宣・臼倉治郎］　*47*
　I. 電子線トモグラフィーの原理と表示［光岡　薫］　*47*
　5.1　電子線トモグラフィーの原理　*47*
　5.2　電子線トモグラフィーの表示形式　*49*
　II. 電子線トモグラフィーと植物の細胞枠組み構造［峰雪芳宣］　*51*
　5.3　電子線トモグラフィーによる植物細胞の 3D 解析　*51*
　　5.3.1　植物の細胞構築と細胞分裂面挿入予定位置　*52*

  5.3.2　樹脂包埋植物組織の2軸電子線トモグラフィー　52
  5.3.3　試料の調製　53
  5.3.4　画像取得とトモグラム作製　54
  5.3.5　画像解析：微小管　55
  5.3.6　画像解析：膜システム　57
  5.3.7　今後の展望　59
 Ⅲ．電子線トモグラフィーと細胞骨格の空間構造［臼倉治郎］　60
  5.4　トモグラフィーとトポグラフィー　61
  5.5　分子レベルの立体構造解析　63
  5.6　アクチン細胞骨格の構造解析　65

6．走査型電子顕微鏡による3D技法
　　　　　　　　　　　　［於保英作・牛木辰男・伊東祐輔・小竹　航・山澤　雄・岩田　太］　67
 Ⅰ．走査型電子顕微鏡像の3D再構築と計測［於保英作］　67
  6.1　試料表面構造の3D観察法　67
   6.1.1　視差情報を用いたステレオ観察法　67
   6.1.2　対物レンズ励磁電流値から高さを測定する方法　67
   6.1.3　反射電子の着信号を用いて3D像再構築を行う複数検出器法　67
  6.2　4分割半導体反射電子検出器による3D像再構築の原理　68
   6.2.1　正規化反射電子差信号の利用　68
   6.2.2　正規化反射電子差信号を試料表面構造の傾斜角度θに変換する実験式　69
   6.2.3　複数検出器法における注意点　70
   6.2.4　傾斜角度情報から高さ情報への変換　72
   6.2.5　3D像再構築手順の整理　73
  6.3　3D像再構築の実際　74
   6.3.1　3D像再構築結果の確認　74
   6.3.2　低加速電圧反射電子像の必要性　74
   6.3.3　3D再構築像へのＳＥＭ像コントラストの貼付け　74
   6.3.4　3D再構築像を用いた試料表面構造の凹凸判断　76
   6.3.5　高倍率観察時における試料表面構造の高さ計測　76
   6.3.6　3D像再構築法とユーセントリック試料傾斜ステージを組み合わせた3D観察　76
   6.3.7　ま　と　め　78
 Ⅱ．走査型電子顕微鏡のステレオ3Dイメージング　79
  6.4　SEMの原理［牛木辰男］　79
  6.5　サンプルチルト法によるステレオ3Dイメージング［牛木辰男］　80
  6.6　ビームチルト法によるステレオ3Dイメージング　85
   6.6.1　ビームチルト3D-SEMの原理［伊東祐輔・小竹　航・山澤　雄］　85

6.6.2 ステレオ3Dイメージングとマニピュレーション ［岩田　太］　*89*

7. 走査型プローブ顕微鏡による3D表示 ［牛木辰男］ *94*
7.1 AFMの原理　*94*
7.2 AFMの特徴と3D画像　*96*
7.3 AFMのバイオ3Dイメージング例　*97*
7.4 AFMのイメージング以外の利用法　*98*
7.5 AFM以外のSPMのバイオ応用　*99*

あ と が き ―――――――――――――――――――*101*

索　　　引 ―――――――――――――――――――*103*

執筆者紹介 ―――――――――――――――――――*107*

1 3D再構築と仮想立体視の基礎

[高沖英二]

　最近のパーソナルコンピュータ（以下 PC）の性能の向上は目覚ましいものがあり，主メモリ容量，演算速度，表示能力ともに 3D 再構築の処理をほぼ問題なく実行できるレベルに達しつつある．同時に，社会のあらゆる領域にデジタル技術が浸透し，映画館の仮想立体視（Stereoscopic 3D，以下 S3D）だけでなく家庭用テレビにも，いわゆる S3D 機能が搭載されるようになり，立体構造をそのまま理解し，他人と共有することが容易になってきた．このような環境が整ってきた現在，生命科学研究において S3D が本格的に利用され，学会や教育の現場においても S3D のプレゼンテーションの機会も増えつつある．

　本来，PC を用いた 3D 再構築，可視化，S3D，立体認知などの問題はそれぞれが大きなテーマであるが，ここではそれらを生命科学研究に利用する立場の方のために，3D 再構築から S3D を用いたコミュニケーションまでを概観しながら，利用者として最小限身につけておいていただきたい基礎知識と概念について，できるだけ簡単に解説したい．

◆ 1.1 3D 再構築の基礎 ◆

　生体の内部構造を知ろうとして，人類は様々な方法を用いてきた．中でも試料を輪切りにしてその断面を見るという方法は古くから行われていたが，とくに立体構造に関心がありそれを人に正確に伝えたいと思う研究者たちは，その断面形状を描いた透明板や，厚紙を切り抜いたもので積み重ねた立体模型を作るなどの努力を重ねていた．しかし，PC が普及し始めた 1980 年代中頃からは，それらの努力を PC の中で行うようになる．

　本節では，輪切りにした切片の断面を撮影してその画像を PC に取り込み，処理して 3 次元の形状を再構築し，最後に可視化するという過程を概観しながら，基本的な用語や概念について解説する．実際の 3D 再構築の具体的な手順については，それぞれのアプリケーションソフトの説明書などを参照していただきたい．

1.1.1　多面体（ポリゴン）モデルとポリゴンレンダリング

　図 1.1 は 3D 再構築作業の流れを示したものである．図 1.1a-1 を元の試料とする．図 1.1a-2 はその試料を輪切りにした状態を示す．図 1.1a-3 はその輪切りの断面像である．図 1.1p-1 は a-3 の各断層像の輪郭を多角形（16 角形）で近似したもの．図 1.1p-2 はその 16 角形を正しい位置関係に積み重ねたものである．p-3 は，上下の 16 角形の近隣の頂点どうしを直線でつないで多数の 4 角形（両極では 3 角形）を形成し，元試料の表面に近い形状を多面体（ポリゴンモデ

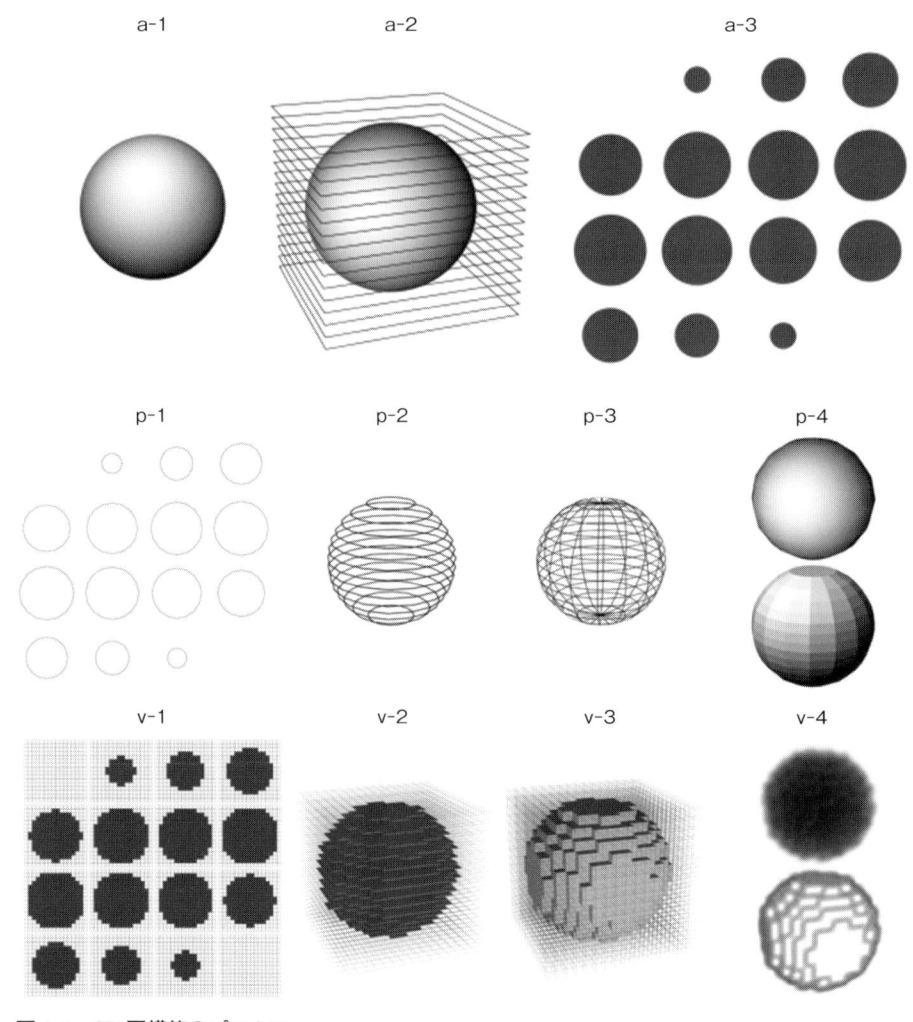

図 1.1　3D 再構築のプロセス

ル，polygon model）として再構築した状態を示す．この方法は針金で輪郭を作りその輪郭を針金でつないで籠を作ったあとに提灯のように紙を張ったものにたとえられる．

　図 1.1 p-4 は p-3 のポリゴンモデルをレンダリング（rendering）したものである．レンダリングとは一般的には（人に見せるものとして）見やすいかたちで対象物を表現することであるが，CG においては様々な人手による作業を終えた後，最終的な画像あるいは動画を出力するためにコンピュータが行う計算処理のことを指している．p-4 の下の図ではポリゴンを構成する各平面はそのまま平面として表現され角張って見えるが，これをフラットシェーディング（flat shading）と呼ぶ．それに対して p-4 の上の図はスムーズシェーディング（smooth shading）と呼ばれる表現がなされている．これは，陰影の計算に用いる法線（面に対して垂直な直線）を補間して連続的に変化させ，表面がスムーズに見えるように擬似的に陰影をつけたものである．

　ポリゴンモデルのデータは，基本的に多面体の頂点（x, y, z）と各々の面がどの頂点で構成さ

れているかという情報からなり，データ量が少ないわりに形状がよく再現できる点でメリットがある．そのため，PC の主メモリ容量が少なかった時代にはこの方法が用いられたが，輪郭の抽出を完全に自動で行うことが難しく，人手による作業を必要とすることが多いこと，また試料によっては界面が曖昧で決定が困難な場合があるため，使われることが少なくなってきた．

1.1.2　ボクセルモデルとボリュームレンダリング

図 1.1 v-1 は，a-3 の各断面像を位置補正したうえで，横（x）方向の解像度が 16，縦（y）方向の解像度が 16 のビットマップ（bitmap）に変換した状態を示す．

ビットマップはたとえてみればタイル画のようなもので，各タイルに相当する矩形を画素あるいはピクセル（pixel）と呼び，各ピクセルはピクセル値（色）をもつ．この例では試料の内部は暗い値，空間は明るい値と 2 段階の値を取っているが，微妙な濃淡を表現できる多段階の値をもたせることも可能である．たとえば医療用の X 線 CT データなどは，$-2,048$ から $+2,048$ までの 4,096 階調（12 bit）あるいはそれ以上の段階の値をもっている．またカラー画像では通常，赤（R），緑（G），青（B）の各要素が 256 階調（8 bit＝1 byte）を有し，合わせると $256^3 =$ 16,777,216（24 bit＝3 byte）通りの色をもたせることができる．

レーザー共焦点顕微鏡や CT，MRI などの連続断面画像の場合は，もともと各断面の位置関係が正しい状態のデータが得られるが，ミクロトームなどでスライスし染色した切片群のように，いったんバラバラになった連続断面像の場合は位置関係を補正して整列させる必要がある．補正作業の効率化と精度を向上させるためには，z 軸（断層像に垂直な軸）に平行なマーカーを一緒に包埋しておきそれを基準にするなどの方法が考えられるが，撮影段階で整列化を完璧に行うことは難しいため，デジタル化した後に PC 上で補正作業を行うことは避けられないであろう．デジタルカメラは年々高解像度化し 1,000 万画素のものも多いが，そのような高解像度の画像を積層するとデータ量が膨大となるため，適度な解像度に下げることになる．しかし，最初からデジタルカメラの設定を低解像度にすることはない．なぜなら位置補正，とくに微妙な回転補正などを行うと，画質が劣化しやすいため，高解像度の状態で位置補正を行ってから後に適切な解像度に変換すべきである．そうすれば補正による画質の劣化を防ぐことができる．

ビットマップデータにおいては，ピクセル値が羅列しているのみで，それぞれのピクセルが何行何列にあるという情報はもっていない．横（x）方向の解像度と縦（y）の進行方向，すなわちビットマップの上から下へあるいは下から上へ進むのかという情報，さらには RGB という順番で各 8 bit のデータが並んでいるなどという情報があって初めて正しい画像を再現することができる．通常使用されている画像ファイル形式では，そのような付加情報を格納し，さらにファイル容量を軽減するために圧縮形式で格納する場合もある．

圧縮には様々な方式[*1]が存在するが，可逆圧縮と非可逆圧縮に大別できる．PNG は前者であ

[*1] PNG（portable network graphics）：カラー画像を劣化なく圧縮でき，ピクセルごとに Alpha 値をもたせることもできる画像ファイル形式．
　JPEG（joint photographic experts group）：カラー画像を非常に高い圧縮率での保存が可能な形式だが，高圧縮にした場合は画像の劣化を伴い，元の画質に復元できない．
　BMP（bitmap）：モノクロ画像，カラー画像を通常非圧縮で保存するファイル形式．

り，JPEG は後者である．JPEG に変換すると，そこからは 2 度と元のデータに戻すことができないので使用しない方がよい．BMP は非圧縮であり，圧縮そのものを行わないためファイル容量が大きい．TIFF は柔軟性があり複数の非破壊圧縮方式に対応する一方，非圧縮方式で保存することも可能である．また色数においても TIFF は，8 bit のグレイスケールから RGB 各色 16 bit のカラー画像と様々な階調に対応している．

　図 1.1v-2 は調整された画像を正しい位置関係で積み重ねた状態を示す．この場合は 16 枚の断層像を積み重ねたので，z 軸方向の解像度も 16 ということになるが，積み重ねる順番を上から下か，下から上かに注意する必要がある．それを間違えると鏡像を再構築してしまうことになる．

　図 1.1v-3 は 2 次元のピクセルに厚みをもたせてブロック状にした状態を示す．このブロックのことをボクセルと呼ぶ．ボクセルの値は基本的に元のピクセルの値を受け継ぐが，レンダリングのために必要な不透明度（alpha 値または A）と呼ばれる要素をもたせることがある．

　図 1.1v-4 は集積したボクセルモデルのデータをもとに直接レンダリングした結果，すなわちボリュームレンダリング画像である．ボリュームレンダリングでは，視線が貫くボクセルの値をもとにレンダリング画像の色を計算するが，試料外など関心のない領域にもボクセルが存在し，それぞれのボクセル値を有している．もしすべてのボクセルが不透明とすると，レンダリング画像には大きな直方体しか見えないことになる．そこで，関心のない領域のボクセルを透明にするために，個々のボクセルごとに透明度を示す要素が必要となる．それを不透明度と呼び，不透明度が 0 のときにボクセルは完全に透明となり，不透明度が 100 % のときに完全に不透明となる．

　不透明度は個々のボクセル値から算出することになるが，そこにルックアップテーブル（lookup table：LUT）と呼ばれる手法が利用できる．これはボクセル値とそれに対応する不透明度を一覧表として用意しておき，レンダリング時にその一覧表を参照することによって，高速に不透明度を得る方法である．この手法を利用して，不透明度だけでなくボクセルの色自体も変換することができる．

　図 1.1v-4 の上の図は元の断面像（v-1）の白いピクセルを不透明度 0 とし，黒いピクセルの不透明度を 50 % とする LUT を用いてボリュームレンダリングを行った結果で，下の図は黒いピクセルの不透明度を 100 % とし，色を白に変換する LUT を用いてレンダリングした結果である．

　このように，ボリュームレンダリングにおいては，LUT を変えることによって，表現を様々に変化させることができる．また，界面が不明確な雲状の形態を表示したり，自由自在に断面を変化させて観察することができるため，試料を深く理解したり，隠された形状を見出すのに有効である．

　図 1.2 は，これらの用語を整理するための図である．

　「ボクセルサイズ」は，積み上げた個々のブロックの縦横高さの寸法，いい換えれば等間隔に並んだ直交格子の間隔であり，$x=10\,\mu m$，$y=10\,\mu m$，$z=20\,\mu m$ あるいは $10\times10\times20\,\mu m$ のよう

TIFF（tagged image file format）：モノクロ画像，(alpha 値を含む) カラー画像，を（可逆・不可逆）圧縮または非圧縮で，また，複数の画像を内包することができる柔軟なファイル形式．

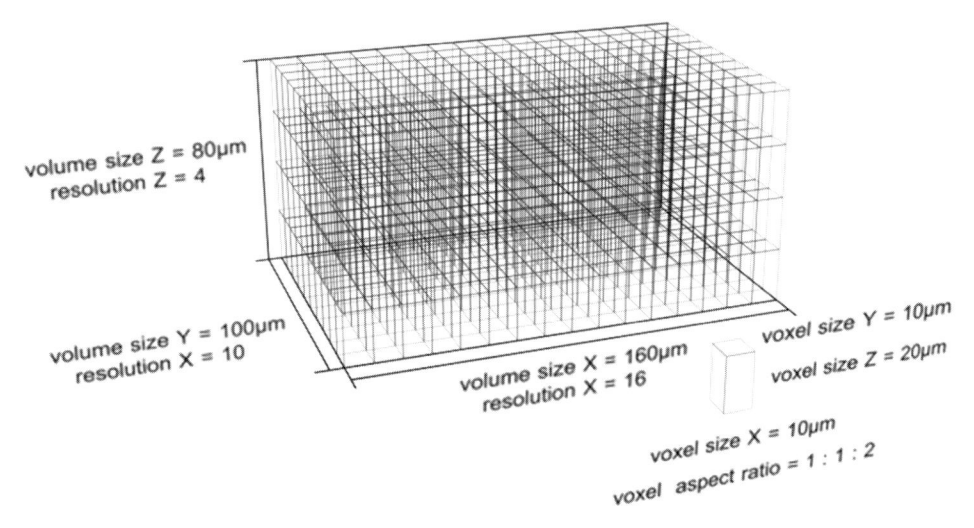

図1.2 ボクセルサイズ，ボクセルアスペクト比，ボリュームサイズ，ボリューム解像度

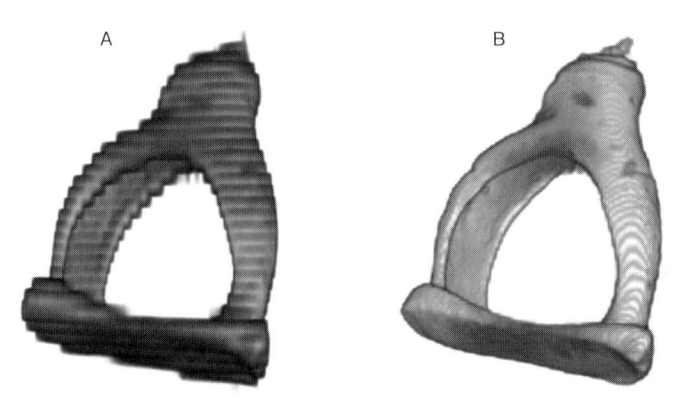

図1.3 ボクセルアスペクト比の違いとレンダリング結果

に元の試料の実寸で表す．

「アスペクト比」はこの場合，1：1：2となる．通常のデジタルカメラによる2D画像のピクセルアスペクト比，すなわち$x：y$に関しては，アスペクト比1：1が多いが，z方向については$x=y<z$となることが多い．

「ボリュームサイズ」は再構築した直方体全体の寸法であり，$160×100×80\,\mu m$というように実寸で表す．

「ボリューム解像度」は$16×10×4$となる．

図1.3はヒトの中耳のアブミ骨をマイクロCTで撮影し，その後3次元再構築したボリュームレンダリング像である．Aは解像度$512×512×40$，アスペクト比が1：1：8である．一方Bは解像度$256×256×160$，アスペクト比が1：1：1である．

これら2つのボリュームはボクセルの総数としては同じだが，Bの方がはるかに良好な結果を示している．

染色切片やその他のデータにおいても，解像度において $x=y>z$ という傾向があるが，可能な限り z 解像度を上げる，つまり切片の厚みを減らし，切片の数を増やすようにして，ボクセルのアスペクト比を $1:1:1$ すなわちアイソトロピック（isotropic）に近づけることが綺麗な3次元再構築を実現する秘訣となる．

1.1.3 3D 再構築と S3D の実例

筆者らが開発した可視化ソフトウェア：Actioforma CDK（Content Development Kit）は様々な種類のデータ，すなわちステレオ・ペア画像などの視差画像，連続切片やレーザー共焦点顕微鏡などの連続断層像，さらにコンピュータ・シミュレーションの数値データなどを S3D 可視化することが可能である．また出力としては交差法裸眼立体視，平行法裸眼立体視，インターリーブ方式，時分割方式 3D プロジェクタ，3D デュアル・プロジェクタ，3D テレビ（偏光メガネ方式，液晶シャッターメガネ方式），アナグリフなど様々な方式で 3D 表示することができるが，ここでは交差法裸眼立体視表示で紹介する．

図 1.4（口絵 1 参照）は光学顕微鏡による膵臓組織の 3D 再構築で，青色は腺房細胞，ピンク色は導管を示す．新潟大学医学部の牛木辰男教授から提供された連続染色切片のカラー画像群をボクセルデータとして 3D 再構築したものをリアルタイム・ボリュームレンダリングで表示している．インタラクティブに観察方向や拡大率を変更することはもちろん，組織の色の違いによって，選択的に表示，あるいは非表示としたり，任意の角度，深度の断面を表示させることができる．

図 1.5（口絵 2 参照）は光シート型顕微鏡（Digital Scanned Light-sheet Microscope：DSLM）によるマウス固定胚（交尾後 6.5 日）の 3D 再構築で，緑色は微小管（Glu-tubulin 抗体染色），赤色はアクチン繊維（phalloidin 染色），青色は核を示す．これは基礎生物学研究所時空制御研究室の野中茂紀准教授から提供された画像データ群を用いて 3D 再構築したもので，元の画像は

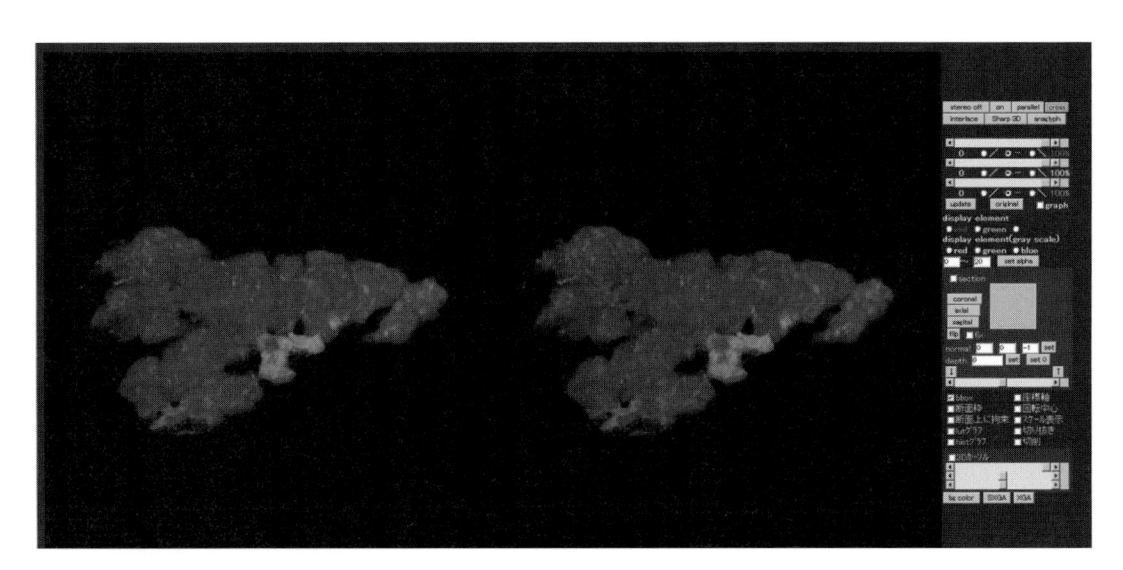

図 1.4 光学顕微鏡による膵臓組織
Actioforma CDK の交差法裸眼立体視表示画面．口絵 1 参照（データ提供：新潟大学医学部牛木辰男教授）．

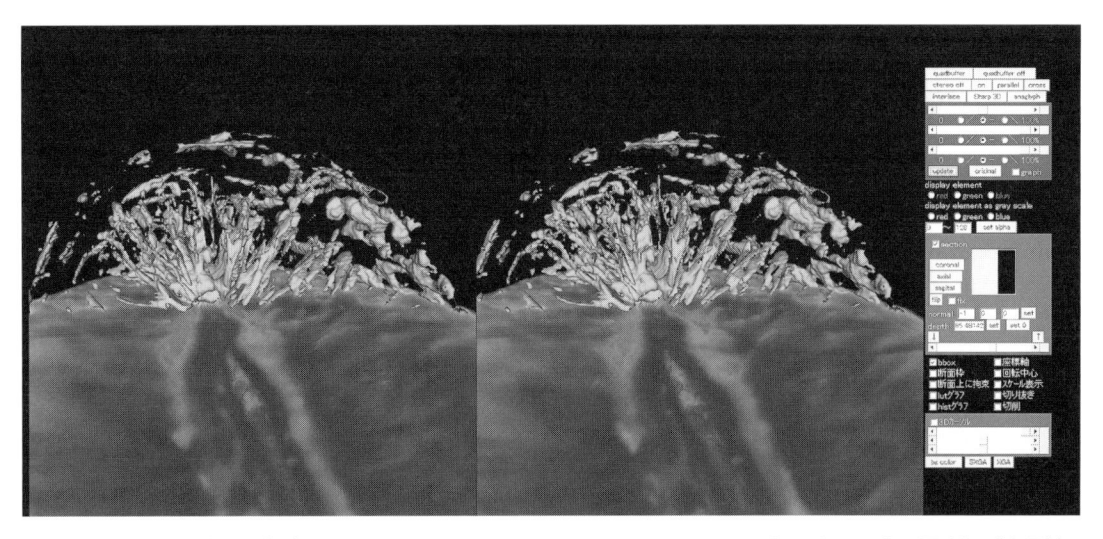

図 1.5 光シート型顕微鏡（Digital Scanned Light-sheet Microscope：DSLM）によるマウス固定胚（交尾後 6.5 日）
Actioforma CDK による交差法裸眼立体視表示画面．口絵 2 参照（データ提供：基礎生物学研究所時空制御研究室野中茂紀准教授）．

微小管，アクチン繊維，核の 3 種類の連続モノクロ画像群だが，3D 再構築時にそれぞれの色を割り当ててある．さらにこの例では，微小管にあたる部分をポリゴンに変換し，それによってボリュームレンダリングにおける領域（赤と青）の断面とポリゴン部分（緑）を異なる角度・深度でインタラクティブに切断して，より詳しく観察し，深く理解することが可能となる．

この他，Actioforma CDK は経時変化をアニメーションとして S3D 表示しながら，上記 2 例と同様にインタラクティブに方向，拡大率，断面方向・深度を変えて観察することができる．しかしながら 3D の動きを紙面で表現することは不可能なため，興味のある読者はホームページを見ていただきたい．http://www.actioforma.net/CDK/

◆ 1.2 仮想立体視の基礎 ◆

「3D」という言葉は意味するところが曖昧で，数年前までは立体視という意味ではなかった．3D データを用いたコンピュータグラフィクス（以下 CG）を 3DCG と呼び，その映像を普通の 2D テレビで見ながら，それを 3D といっていた時代がある．ところがハリウッド映画の「アバター」がヒットした 2010 年頃から，日本では「3D」が立体視を意味するように変化した．しかし世界的に見ると，誤解がないように Stereoscopic 3D（S3D）といういい方が一般的であるので，ここでは，「仮想（本当は立体ではない）立体視が可能である（こと）：仮想立体視」＝S3D とし，S3D 映像，S3D 装置などと表現することにする．

1.2.1 2 つの投影法

立体視 3D（Stereoscopic 3D：S3D）の話に入る前に，レンダリングにおける投影法について

図 1.6 平行投影と透視投影

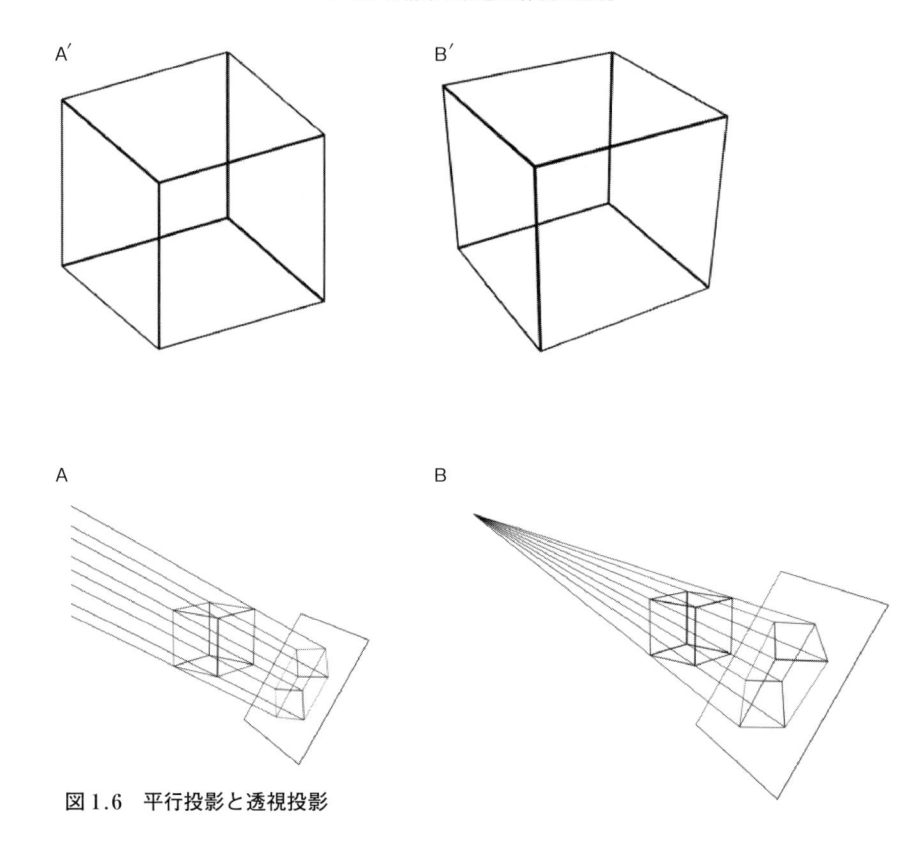

述べておく必要がある．3次元モデルをレンダリングするには，現在の表示装置の技術ではいったん2次元平面に投影して，2D画像に変換しなければならないからである．

図 1.6A は平行投影，すなわち平行光線を当ててその影をその光線に垂直な平面に投影した状態を表し，A' はその投影結果である．図 1.6B は透視投影，すなわち一点から出る放射光を当てて，その光束の中央の光線に垂直な平面に投影した場合を表し，B' はその結果である．透視投影の場合は光源に相当する位置から見た像，あるいは同位置から撮影した像とも考えられる．同じ考え方をすれば，A の平行投影は，無限遠から見た像ということができる．

1.2.2 S3D の幾何学

図 1.7 で left eye, right eye は観察者のそれぞれ左眼，右眼を表し，それぞれの眼のレンズの中心（主点）間を結んだ線分を基線（baseline）と呼ぶ．この基線の長さは観察者の瞳孔間距離（interpupillary distance：IPD）に等しい．画面（screen）上の点 AL，点 BL は左眼のみに見える点，点 AR，点 BR は右眼のみに見える点である．点が点 AL と点 AR によって得られる見かけの点 A は，画面の奥にあるように観察者には感じられる．このように，左右の眼に見えている像が1つの像として見え，その奥行位置が認識されることを融像（fusion）という．また点 AL と点 AR を互いに対応点と呼び，対応点間の距離をここでは画面上像差（on-screen disparity：OSD）と呼ぶことにする．

OSD は画面上で実測可能な値とし，点 AL と点 AR のように左像が左にある場合は正の値を

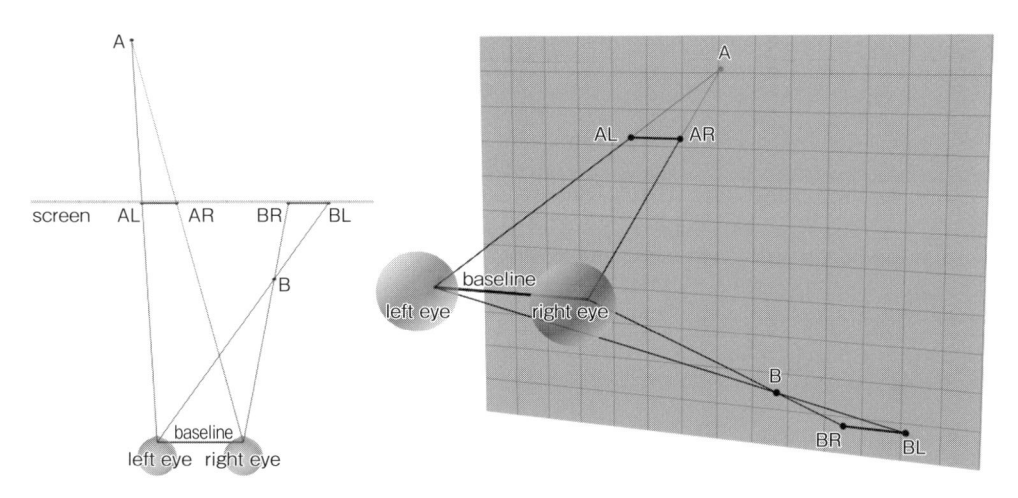

図 1.7 S3D の幾何学

取り，たとえば OSD＝＋25 mm と表すことにする．OSD が増大すると，見かけの点はより奥に移動することが，この図から見て取ることができる．

点 BR と点 BL のように，左像が右側にくる場合は交差像差と呼ぶことがあるが，ここでは OSD＝－30 mm というように負の値で表すことにする．図 1.7 から，OSD が負の場合は見かけの点は画面より手前に感じられ，さらに負の方向に進むことによって，見かけの点がより手前にくることが理解していただけると思う．また OSD＝0 の場合は，見かけの点は画面上に位置することも明らかである．

ここで，見かけの点が画面の奥行方向のどこに位置するかを簡単な式で表してみる．画面と見かけの点の距離を D とし，画面より奥を正，手前を負とする．また，OSD を s，IPD を p，眼と画面の間の距離を d とすると，

$$s:p=D:D+d$$

という比例関係から

$$D=\frac{s\times d}{p-a} \quad (ただし\ p>s)$$

という式が成り立つ．

この式からも s の絶対値が増大すると D の絶対値も増大することがわかる．また，d が増大すなわち観察者が画面から離れると，s が変わらなくても D の絶対値も大きくなることがわかる．

$a≒b$ すなわち OSD が広がり IPD（瞳孔間距離）に等しくなる場合は D が無限大となり，これは地上から天体を見たときに相当する．さらに拡大して $a>b$ となると，現実の空間ではありえないことになり通常はその点を注視することができないが，もしできたとしても眼に不自然な負荷をかけてしまう可能性がある．$s>p$ は論外としても，$|D|$ はなるべく小さい方がよい．なぜなら日常の空間においては，人は注視した点にフォーカスを合わせる．それに対して S3D においては見かけの点 A あるいは B を注視しながら，フォーカスは画面上の点 AL と点 AR あるいは点 BL と点 BR に合わせる必要があるからである．注視点にフォーカスを合わせると像がピン

ボケになるというこの非日常的な状況が観察者に負荷をかけることになる．したがって見てほしい部分の $|D|$ をできるだけ小さくすることが，良質の S3D を実現するポイントとなる．

以上のように，この図からいろいろなことを見て取ることができるが，最も重要なことは，線分 AL–AR と線分 BR–BL は，baseline と平行でなければならない，いい方を変えれば，観察者の両眼を結ぶ直線が画面の水平線と平行であれば，対応点は画面上で必ず同じ高さになければならないということである．baseline と平行でなければ，左右の点が 1 点として像を結ばないからである．このことは，観察者は頭を左右に傾けて見てはならないということも意味している．

1.2.3　S3D 撮影法

ここで，2 台のカメラで S3D 撮影をする場合，どのようにカメラをセットすべきかを考えてみたい．

まず考えられるのは，被写体を視野の中央に捉えたいという欲求から，図 1.8A のようにカメラを被写体（この場合は立方体）の方向に向けて，内股（toe in）のようにセットすることである．しかし得られた S3D 画像（図 1.8A′）を注意深く見ると，各対応点（頂点）が縦にずれてしまっていることがわかる．通常のカメラで得られる像は透視投影像であり，その結果横倒しの台形状の歪が生じるためである．したがって，図 1.7 で見たように対応点は基線に平行でなければならないという原則から外れるので，内股は正しくない，ということになる．ちなみに，これら 2 台のカメラの光軸がなす角を輻輳角と呼ぶが，カメラ 1 台を固定して，被写体を垂直軸回りに輻輳角分回転して 2 度撮影する方法も同じ問題をはらんでいる．ただし，電子顕微鏡で試料台を傾斜して S3D 撮影を行う場合は，視野に比べてワーク距離が長く平行投影に近いためほとんど問題がない．

2 台のカメラのセッティングとして次に考えられるのは，図 1.8B のように 2 台を平行に並べてセットする方法である．この場合は，2 台のカメラの撮像面が同一平面上の同じ高さにあるため，対応点が上下にずれることがない．したがってこちらの方が正しいセッティング法ということができる．ただし，通常のカメラを使った場合は，得られた画像の片方の端，すなわち右カメラ画像では右端，左カメラ画像では左端の一定の領域を削除する必要が出てくる．しかし世の中にはシフトレンズというものがあり，その手のレンズを使うと画面端を削除する必要もなくなる．

以上は現実のカメラで S3D 画像を撮影するときの話だが，PC 内の仮想空間であってもまったく同じことで，B の考え方に基づきレンダリングしなければならない．

1.2.4　S3D の観察位置と見かけの歪

図 1.9 は，表示画面をどの位置から観察するかによって見かけの像が歪むということを幾何学的に示している．E は撮影時の視点（カメラ）と対象物の位置関係を示す．B は E と大きさは異なるが相似形であり，B のように観察すると対象物は正しい形状として見える．A のように画面に近づきすぎると前後に潰れて扁平に見え，離れすぎると C のように，前後に伸ばされて見える．また，斜めから見ると D のように複雑に歪んで見えることになる．

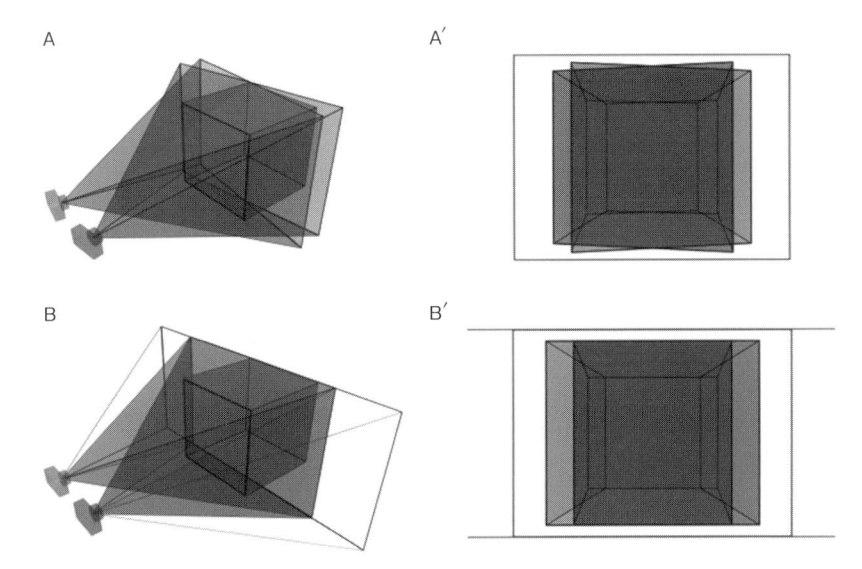

図 1.8　S3D 撮影のための 2 台のカメラのセッティング法（内股と平行）

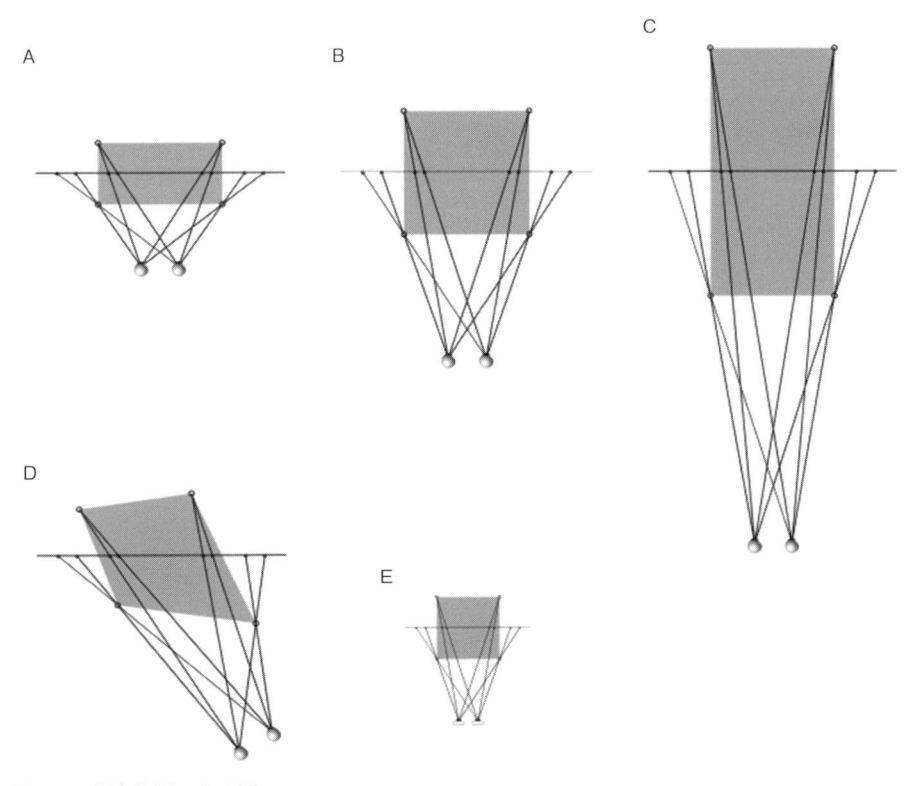

図 1.9　観察位置による歪

これらの図は幾何学的に作図したものであり，必ずしも観察者がこの通りに知覚するとはいいきれないが，S3D は見る位置によって像が歪むことを理解した上で利用する必要がある．

1.2.5　大型スクリーンにおける S3D

図 1.10A は，図 1.9E で得られた S3D 画像を 20 インチの 3D モニターに表示し，画面から 30 cm 離れて観察して，正しく立方体に見えている状態を示す．

C は同じ S3D 画像を 100 インチスクリーン一杯に拡大して投影した映像を 3 m 離れた位置から観察した状態を示す．B は，A を C と同じ縮尺率にしたものである．C では，OSD が +60 mm を超える状態になり，立方体の後面が（幾何学的には）無限遠に後退してしまっている．このような事態を避けるためには，D のように相対的に基線長を短くして S3D 画像を計算し直すことである．それによって 100 インチスクリーン上に，正しく立方体が見えるようになる．一部のアプリケーションではこのようなスクリーンの大きさと観客席の位置を指定することによって，自動的に最適な S3D 画像を作成することができる．

1.2.6　S3D 上映における注意点

たとえ完璧な S3D 映像を作ったとしても，学会などでプロジェクタを使って S3D 上映するときの現場では，いろいろな原因によって逆視（左右の画像が入れ替わる，すなわち右眼に左画像が見え，左眼に右画像が見えること）という事態が起こりうる．逆視になると，手前のものが奥に見え，奥のものが手前に見える，という奇妙な 3 次元空間を観客に体験させることとなる．必ず上映の直前に S3D 用のテストパターンを表示して，逆視になっていないことを確認していた

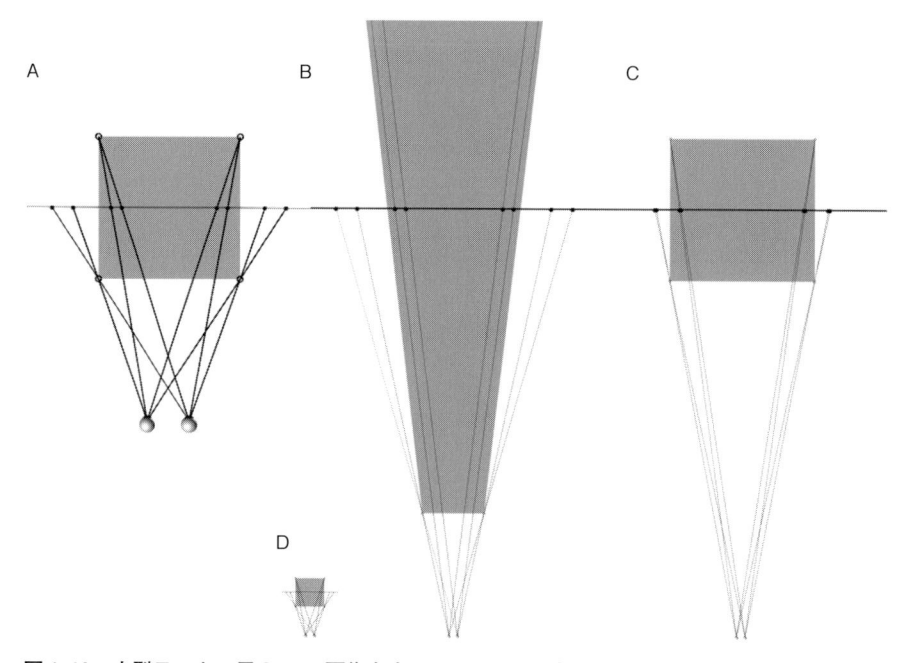

図 1.10　小型モニター用の S3D 画像を大スクリーン上に投影した場合の問題

だきたい．

また，2 台のプロジェクタを使用するデュアルプロジェクタの場合は，左右のプロジェクタの投影像を完璧に（近く）合わせること，またクロストーク（反対側の映像が漏れて見えること）がないか，などもチェックしておく必要がある．

また，S3D を見る側の立場でも，頭を傾けずに見ることや位置による歪のことを理解し，可能な場合はできるだけよい位置に移動し，それが無理な場合はそのような歪があるということを認識した上で見るということを心がけていただきたい．

なお，3D コンソーシアムによる 3D 安全ガイドラインが策定されているので，それも参照していただきたい（http://www.3dc.gr.jp/jp/scmt_wg_rep/3dc_guideJ_20111031.pdf）．

1.2.7 まとめ

S3D に関する面白い話がある．かなりの期間，顕微鏡手術の 2D ビデオ教材で教育を受けていた研修医が，あるとき S3D ビデオ教材を初めて見せられて急に怒り出したというのだ．「S3D ビデオを見て初めて，2D ビデオではよくわからなかったということがわかった．なぜもっと早くS3D ビデオを見せてくれなかったのか！」というのがその理由らしい．教える側は，既にしっかりした 3 次元的なイメージが頭の中に確立されていて，2D 映像であっても脳が無意識に奥行情報を補足して 3 次元世界として認識することができる．一方，教わる側にとっては，まだ何も見たこともない 3 次元世界を，奥行情報を削除して見せられても，それは平面上の模様に過ぎないのである．そして，最も危険で最も頻繁に起こっている問題は，教える側がそのギャップに気がつかないことである．

同様のことは，学会や研究会などでの発表や論文においてもこのギャップが発生している．しかし残念ながら，その事実に多くの人が気づいていない．なぜなら S3D を見て，本当にわかった状態を経験した人がまだ少ないからである．

今後，学会などで S3D による発表の機会が増えていくに違いないが，そこで質のよくないS3D を見せられて，S3D はよくない，疲れるなどという悪い印象をもたれてしまうと，それを払拭するためにまた長い時間がかかってしまう危険がある．だからこそ，どんな場合も常に良質な S3D が提供されなければならないのである．

本章で身につけていただいた，よい S3D を作るための基礎知識を活用し，研究の場でまた学会や教育の場を通じて，S3D 普及にそして科学技術の発展に貢献していただくことを切望する．

2 3Dイメージングの基礎

[伊藤　広]

　近年，3Dの大作映画が話題を集め家庭用TVセットも3D対応が謳い文句になるなど3D表示が1つのブームとなった．
　この「3D」を実現する立体視の技術自体は歴史が古く，19世紀にイギリスのホイートストーン（Sir Charles Wheatstone）が立体鏡（stereo scope, 1832）を発明して以来，医療やその他の分野においても3D観察が有効かつ実用とされてきた例は多い．しかし，3D表示が可能なモニターとなると技術的にスタンダードと呼べるものはなく，対応するアプリケーションソフトウェアも限られている．
　本章では立体視の基礎と液晶モニターにおける3D表示技術の現状について，映画や3D-TVとの比較を通して解説する．

◆ 2.1 立体視の基礎 ◆

2.1.1 3Dとは

　そもそも，ヒトはどのようにものの奥行や遠近を知覚するのであろうか？
　3D映画や3D-TVのセールスポイントは奥行や飛出しを感じられることである．しかし，精緻な絵画や構図の優れた写真などは従来の媒体でも奥行を感じることがある．レオナルド・ダ・ヴィンチ（Leonardo da Vinci）の「最後の晩餐」などはそのような例として有名であろう．また，3Dイメージングといえば医療や分析の現場で用いられるボリュームレンダリング（volume rendering）をはじめ，3D-CGがゲームや映画，TV放送の特殊効果などでも広く用いられている．これらは何も特殊な表示装置を用いなくとも従来型のTVやPCモニター，印刷紙面で立体感，奥行感が表現されている．
　また，3D映画や3D-TVもスクリーン自体は平面状であり，そこに投影もしくは表示されている画像を見ているという点においては2Dのものと変わりはない．そこで，何をもって「3D」というべきか，まずは本章で扱う「3D」の定義を考える．

2.1.2 ヒトの視覚と3D

　ヒトが視覚で遠近や奥行を知覚する要因は様々であるが，大きく心理的要因と生理的要因に分類することができる．

a. 心理的要因

　心理的要因には重なりや大気透視，相対的なものの大きさ，陰影，パース（線遠近法），テク

図 2.1 心理的要因
ヒトは絵画や写真などの 2D 画像においても心理的な要因によって立体感を得ることができる．手前のものが遠くのものを遮る「重なり」．遠くのものが霞んで見える「大気透視」．おおむね同じ大きさのものが手前にあるときは大きく，遠くにあるときは小さく見える「相対的なものの大きさ」．手前にあるものの影が奥にあるものの上に投じられる「陰影」．景色が遠くの 1 点に集中して見える「パース（線遠近法）」．模様として表されるものが手前では粗く，遠くにあるときは密に見える「テクスチャ勾配」．

スチャ勾配などがあげられる（図 2.1）．平面に描かれる絵画や写真においてもこれらを効果的に組み合わせて表現している場合には，そこに奥行があるように感じられるのである．

3D-CG などで用いられている表示手法の多くは対象物の立体構造をもとに，表示面となる平面に投影したときに得られる 2D 像を計算し表示を行うものである．したがって最終的に観察者が見る画像は 2D 像でしかない．

近年では心理的要因を満たすよう大気透視によるボケ感や色味，コントラストの変化なども計算し 2D 像に加味することで立体感を高めているが，これらの手法だけでは奥行量を知覚することは困難である．これは心理的要因を積極的に利用し，実在不能な形状を錯視させるトリックアート（だまし絵）などを思い浮かべてもらえれば理解が容易であろう．

b. 生理的要因

一方，奥行知覚の生理的要因には輻輳，両眼視差，調節，運動視差などがある（図 2.2）．調節と運動視差は単眼でも知覚できるが，輻輳と両眼視差の知覚には両眼が必要である．片目を閉じて見た風景が両眼で見るよりも平板に感じられるのは，輻輳と両眼視差による奥行情報が欠落するためである．また，単眼の顕微鏡ではわかりにくい観察対象の立体構造も双眼実体顕微鏡であれば確認できる．これは顕微鏡ではピント位置，視位置とも固定されるため，単眼では生理的要因への働きかけがほとんど失われるが，両眼となることで制限はされるものの輻輳や両眼視差

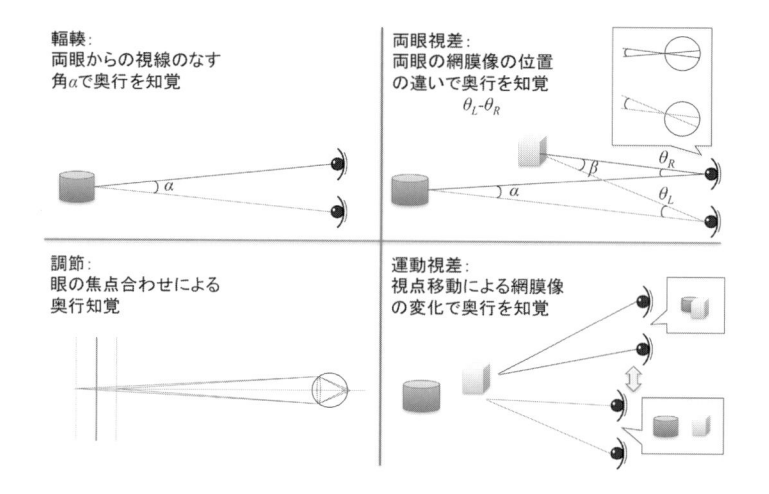

図 2.2　生理的要因
ヒトの視覚機能における奥行知覚の仕組み．輻輳，両眼視差，調節，運動視差があげられる．このうち，調節と運動視差は単眼でも知覚可能である．

が得られ，奥行量が知覚できるようになるからである．

2.1.3　「3D」の定義

映画の特殊効果や CG における心理的要因への働きかけは 2D/3D を問わずコンテンツ製作における基本的な技術となっている．他方，ブームとなった 3D 映画や 3D-TV が 2D の映画や TV と最も異なるのは，生理的要因に働きかけることでヒトに奥行量を知覚させる点である．とくに娯楽として重要な要素となる表示面から飛び出して見える効果を実現するには，この生理的要因への働きかけが不可欠である．本章ではもっぱら生理的要因に作用する表示手法や画像を「3D」と呼び，それ以外は 2D とする．

2.2　3D イメージングの原理

心理的要因への作用は 2D 表示においても画像の作り方しだいで可能であるが，生理的要因に作用する 3D 表示を実現するためには専用の表示装置，技術が必要となる．現在，実用化されている 3D 表示技術の多くは輻輳と両眼視差に作用する視差情報に基づく方式である．調節や運動視差に作用する表示手法も各種考案されているが未だ研究段階である（表 2.1）．先にあげた風景や双眼実体顕微鏡の例からもわかるとおり，調節や運動視差が制限を受けても輻輳や両眼視差への作用があれば奥行知覚は可能である．

2.2.1　視差情報による 3D イメージング

双眼実体顕微鏡を例に考察すると，観察時はピント，観視位置とも基本的に固定である．した

表 2.1　各種 3D 表示方式

方式	輻輳	両眼視差	調節	運動視差	心理的要因	分類
アナグリフ パターンドリターダー アクティブメガネ 頭部装着型 (HMD), 他	○	○	×	×	-	視差情報
レンチキュラレンズ 視差バリア, 他	○	○	×	△	-	
ホログラフ	○	○	○	○	-	波面情報
空間内階層表示[1]	○	○	○	○	-	奥行情報
奥行き融合型 3 次元 (DFD)[1]	△	×	△	×	○	錯視など

3D 表示の原理面から代表的なものを列挙する．なお広く実用化されている表示方式は視差情報に基づく方式であり，それ以外の方式は未だ研究段階である．

がって生理的要因としての調節，運動視差は生じない．これを単眼で観察しているときは輻輳，両眼視差への作用もないため見え方は 2D 写真と同様であり奥行の知覚は困難である．一方，両眼で観察すれば輻輳，両眼視差によって奥行量の知覚が可能となる．しかし，左右の眼が見ている像はそれぞれ 2D 写真と同等でしかない．ここで生じているのは「左右の眼でそれぞれ異なる 2D 画像を同時に見ている」ということである．実際に双眼実体顕微鏡の接眼部にそれぞれカメラを取り付け撮影すれば，2 枚の写真の像が微妙に異なっていることがわかるであろう．

この「左右の眼にそれぞれ異なる 2D 画像を同時に見せる」ということが視差情報に基づく 3D 表示の基本である．ヒトの眼はおおむね 64 mm の間隔を空けて左右に並んでいる．空間のある 1 点を注視する場合，両眼と注視点を結ぶ視線は注視点までの距離に応じて一定の角度（輻輳角）をなす．そのため，左右の眼が捉える像は微妙に異なっている．

したがって，左右の眼の位置から見た画像（視差画像）をそれぞれの眼に個別に視認させることができれば輻輳や両眼視差を再現することが可能となり，奥行量を知覚させられるのである．このように，両眼でそれぞれ異なる画像を視認し奥行量を知覚することを本章では「立体視」と表記する．

2.2.2　2 眼式と多眼式

視差情報に基づく立体表示では最も少ない 2 眼式で 2 枚，多眼式では視点数に応じて 3〜100 枚程度の視差画像を使用する．多眼式とすることで，視点位置が動いた場合でもその位置から見えるべき画像を見せることができるため，より自然で視野角あるいは視点位置自由度の広い 3D 表示が可能であり，運動視差にも対応することができる．

2.2.3 交差法と平行法

ところで，通常ヒトは左右の眼で同時にそれぞれが異なる物体を注視するという行為は行わない．画像が2つあれば両眼が共に2つの画像を捉え，2つの2D画像として認識する．したがって，そのままでは奥行知覚を得ることはできない．しかし，交差法あるいは平行法といった手法を用いることで横並びに配置された2つの視差画像を左右の眼で個別に捉え，1つの空間画像として認識，すなわち立体視することも不可能ではない．だが，その技術の体得には相応の訓練が必要であり個人差もある．また眼球運動の制約から融像可能な画像サイズや視距離が制限される．さらに画像本来の輻輳角と実際に体験する輻輳角に大きな隔たりがあるため，奥行量には違和感を生じやすい．

◆ 2.3 3Dイメージングのための表示法 ◆

視差画像を用いた立体視をより自然に行うためにはなんらかの光学的な工夫により単一の表示面でありながら，左右の眼にそれぞれ異なる視差画像が見えることが必要となる．

3D-TVや液晶モニターをはじめとする各種3D対応表示装置では頭部装着型（head mount display：HMD）を除き，2D画像と同様に1つの表示面において立体感の得られる視差画像表示を実現するために様々な方式が考案・実用化されている．

表2.2 視差情報による3D表示方式の分類

		視差画像の混在表示方式			
		面内割当 In plane arrangement	画素重畳 Blending	時分割 Time divide	課題
観視方式／専用メガネ	波長制限 Wavelength	アナグリフ ColorCode 3-D™			色再現性
				Dolby® 3D	コスト
	偏光制限 Polarization	パターンドリターダー	IMAX™3D	Real D™ (ZScreen) アクティブリターダー	偏光メガネと他液晶モニターの干渉
			ハーフミラー		
	時間制限 Time			XpanD™ アクティブメガネ	アクティブメガネと周辺光の干渉，電池切れ，表示との同期
観視方式／裸眼	視位置制限 Viewing position	視差バリア		スキャンバックライト 指光性光源	視位置自由度 多人数での観視
		レンチキュラレンズ			
メリット		コスト	画質	画質	
課題		解像度／精細度，逆視	装置寸法，コスト	高速応答性	

横に表示デバイス上での視差画像の混在表示方式を，縦に左右の眼にそれぞれ特定の視差画像のみが見えるようにするための観視方式を列挙し，代表的な表示方式を分類した．

そこで代表的な 3D 表示方式について，左右の眼に視差画像を個別に視認させる観視方式と，表示面上での視差画像の混在方式の観点から分類整理を行った（表 2.2）．この分類によって，各方式の長所・短所が見えてくる．

2.3.1 観視方式

双眼実体顕微鏡は両眼をそれぞれ接眼レンズ部と近接させることで両眼の視野を制限する．これにより左右の眼で互いに影響を受けることなく独立した画像を個別に観視できるため立体視が可能となる．立体鏡や HMD も両眼に近接した位置に左右独立の表示面を配置し，視野を制限することで立体視が可能となる点で，原理的には双眼実体顕微鏡に近いといえよう．一方で TV や液晶モニター，映画のスクリーンなど観察者からある程度離れた位置に表示面がある場合は，そこに表示される画像は常に両眼で視認される．つまり視差画像をどのように表示したとしても，そのままでは両眼に左右の視差画像が混在して見えてしまうため立体視は困難である．そこで特定の画像を特定の眼にだけ見えるようにする手法として，大きく以下の 4 つの手法が利用されている．

a. 波長（wave length）制限

左右の眼にそれぞれ異なる波長の光しか通さないフィルターメガネを装用することで，特定の波長で構成された画像は片眼でしか見られないようにする手法である．

各視差画像をそれぞれ異なる波長の光で構成・表示し，このフィルターメガネを用いて見ると左右の眼はそれぞれ一方の画像しか見ることができない．したがって，同一の表示面を見ている場合でも両眼にはそれぞれ異なる画像が見えるため立体視が可能となる．

代表的なものとしては 1853 年にドイツのロールマン（Wilhelm Rollmann）が発明した赤と青のフィルターを用いるアナグリフ（anaglyph）があげられる．安価かつ身近な材料で作ることが可能なため，現在でも様々なシーンで利用されている．ただし，単色のカラーフィルターを用いる方式では左右で見える色が大きく異なり，また色再現性も低い．このため，近年では多層膜コーティング技術を用いた分光フィルターを用いて光の 3 原色をそれぞれの帯域内で 2 分し，左右に割り振ることで自然な色再現を可能とする方式が実用化されている．

b. 偏光（polarization）制限

左右の眼にそれぞれ異なる偏光特性の光しか通さないフィルターメガネを装用することで，特定の偏光で構成された画像は片眼でしか見られないようにする手法である．

視差画像をそれぞれ異なる偏光特性の光で表示し，左右で偏光特性の異なるフィルターメガネを通して見ることで，それぞれの眼に一方の画像だけが見える．これにより立体視が可能となる．

通常，ヒトの眼は偏光特性に対しては依存性がなく，どのような偏光状態の光も視認することができる．偏光制限を行っても色再現性への影響はなく左右のバランスも良好なため，アナグリフと比較し，長時間の観視においても疲労を軽減することが可能である．偏光制限には円偏光を用いるものと直線偏光を用いる方式がある．

c. 時間（time）制限

映画やTVは毎秒24～60コマ程度の静止画像の連続によって動きのある映像を再現している．ヒトは観視においてこれらの動画が静止画像で構成されていることに気づくことは少ない．これはヒトの視覚における残像効果がもたらすもので，極短時間の視界の遮蔽は気づかないか，気づいたとしても画像を認識する上での影響は少ない．そこで，左右の眼の視界を交互に高速に遮蔽し，左右の眼が捉える光を時間軸で分離／独立することで別々の画像を視認させる手法が考案されている．視界の遮蔽はレンズ部がシャッター機能をもつメガネ（アクティブメガネ）を装用することで実現する．このシャッターと同期して表示面上の視差画像の切替え表示を行えば，左右の眼がそれぞれ特定の視差画像のみを見ることになり，立体視が可能となる．

遮蔽期間が長く，切替え速度が遅いとチラつきとして視認されやすい．これを防止するにはTVの画面書換えと同等の片眼当り毎秒60回以上とするのが望ましい．したがって，表示面の書換えは毎秒120回以上が必要になる．

d. 視位置（viewing position）制限

ヒトが立体的にモノを見ることができ，奥行を知覚できる理由の1つが両眼が離れていることに起因することは既に述べたとおりである．したがって，見る位置によって異なる画像が見える，それも両眼間の距離以内で画像が異なって見えるなら立体視が可能となる．

本来，立体物は見る方向によって見え方が異なるのと同様，表示面を注視した際にそれぞれの眼の位置から異なる画像が見えるなら，先にあげたような特殊なメガネを使用しなくてもよい，裸眼による立体視（= 裸眼立体視）が実現される．

具体的な方式としてはレンズやバリアにより表示画像の視野角を制限することで特定方向から特定の画像のみを見ることができるようにするものが考案，実用化されている．

ただし原理上，左眼が右眼位置になるまで視位置を移動すると，左眼に右眼で見るべき視差画像が見えるようになる．したがって，正常に立体視が行える視位置は制限される．

2.3.2 混在表示方式

前項では波長制限，偏光制限，時間制限，視位置制限の4つの観視方式をあげた．いずれの方式においても，それぞれは2Dである視差画像を個別に左右の眼に見せるための手法であり，表示装置としてはなんらかの手段で複数の視差画像を同一の表示面上に混在表示しなければならない．

各観視方式と混在表示方式は密接に関わるものの，ここでは複数の視差画像を1つの表示面内に合成表示するという観点から表示装置の基本的な構成について3つに分類する．

a. 面内割当（in plane arrangement）

1つの表示面内の画素ごとに異なる視差画像を割り当て表示する方式．具体的には表示面を構成する各画素を左画像用，右画像用などとすることで，同一表示面内で複数の視差画像の混在表示を行う．通常の2D表示が可能なデバイスほぼすべてに応用可能な手法である．1つの視差画像のみに着目した場合，解像度，精細度は表示面の画素数の1/2から数分の1に低下する．

b. 画素重畳（blending）

視差画像を光学的に重ね合わせる方式．同一画素上に複数の視差画像を重畳して表示するもので，代表的な手法としては複数台のプロジェクタによる多重投影などがあげられる．2D 同等の高解像度を得られやすいが，装置が複雑かつ大型となる．

c. 時分割（time divide）

視差画像を時間交互に表示する方式．表示面においては同一画素に複数の視差画像を順次表示しなければならないため，残像が少なく高速書換えが可能なデバイスが必要である．

アナグリフを例にあげると，表示においては視差画像にそれぞれ異なる波長つまり異なる色を割り当て合成し，観視においては左右の眼に入射する光の波長を制限することで，それぞれの視差画像を左右いずれか一方の眼だけで見えるようにし，立体視を行う．この色の割当てを単純に赤／青とするなら，カラー表示デバイスであれば 1 画素中で混在（混色）表示が可能なため，画素重畳方式 ＋ 波長制限方式といえる．また，液晶パネルではカラー表示を 3 原色の赤，青，緑の 3 画素（サブ画素）の輝度バランスで表現している．赤／青が左右の視差画像に割当てされるのであれば，サブ画素単位で考えるなら，視差画像を割り振る面内割当方式＋波長制限方式であるともいえよう．

◆ 2.4　各種 3D 表示方式の比較 ◆

2.4.1　3D 映画方式の比較

映画館では主に 4 種類の表示方式が用いられている（表 2.3）．近年，映画業界もデジタル化が著しく，映像製作・配給はもとより映画館での投影にもデジタルプロジェクタが利用されている．

a. 画素重畳＋偏光制限

フィルム全盛時の 3D 映画は左右の映像をそれぞれ独立した 2 台のプロジェクタで重畳投影することで実現していた．3D 映画の草分けである IMAX 3D はデジタル化された現在でも基本的にこの方式を用いている．投影に際し，2 台のプロジェクタにはそれぞれ異なる偏光特性をもつフィルターを装着する．観客は偏光メガネを装用するが，このメガネの左右レンズの偏光特性をそれぞれのプロジェクタと合わせておくことで左眼には左の映像のみが，右眼には右の映像のみが見え，立体視できる仕掛けである．

一方で，映画製作におけるフレームレートが毎秒 24 コマであるのに対し，劇場用デジタルプロジェクタの主流である DLP 技術は高フレームレート化を得意とする．そこで左右映像の各 1 コマを交互に 3 回ずつ，毎秒 24×2×3=144 コマの時分割表示を行うことでプロジェクタ 1 台によるステレオ投影を実現，設備コストを低減したのが他の 3 方式である．

b. 時分割＋時間制限

XpanD は表示が時分割であることを利用し，観客はプロジェクタと同期して左右レンズの液晶シャッターが開閉するアクティブメガネを装用することで立体視を実現する．アクティブメガ

表 2.3　3D 映画表示方式の比較

観視方式	波長制限	時間制限	偏光制限	
多重投影（画素重畳）			IMAX™3D	
時分割	Dolby®-3D	XpanD™		Real D™ (ZScreen)
プロジェクタ	DLP 144Hz 分光フィルター	DLP 144Hz	偏光フィルター付	DLP 144Hz 偏光軸変換素子
スクリーン	ホワイトスクリーン（既設）		シルバースクリーン（新規・高価）	
メガネ	分光フィルターメガネ（高価）	液晶シャッターメガネ（高価・電池・重量）	偏光フィルターメガネ（安価）	

現状 4 種類の表示方式が使用されており，観視においてはすべての方式で専用メガネを必要とする．また，表示においては高画質化のために画素重畳もしくは時分割が採用されている．

ネはその制御のためのバッテリやプロジェクタとの同期のためのセンサー回路などを搭載しなければならず，偏光メガネと比較すると重く高価で，ランニングコストやバッテリ切れも懸念される．

c. 時分割 + 偏光制限

一方，Real D は偏光軸変換フィルター（ZScreen / Active Retarder）をプロジェクタに装着し，1 コマごとに偏光特性を切り替えることで左右映像を異なる偏光特性で投影可能とした．これにより，IMAX 3D と同様のパッシブ型の偏光メガネによる立体視を実現している．偏光軸変換フィルターは Pi 型液晶パネルで構成されるがプロジェクタ側に 1 つ備えるだけであるため，観客全員にアクティブメガネを装用させるのと比較すれば安価であろう．ただし偏光特性に依存するこの方式は，プロジェクタから投影された映像が偏光メガネに届くまで，その偏光特性が維持されている必要がある．そのため映画館のスクリーンを専用のシルバースクリーンに張り替えなければならない．これは IMAX も同様である．

d. 時分割 + 波長制限

Dolby-3D は Real D の偏光軸変換フィルターに代えて 2 種類の分光特性を備えた回転フィルターをプロジェクタに装着する．この分光フィルターはそれぞれが R/G/B の各波長帯域内を 2 分する特性をもち，プロジェクタと同期して回転することで左右の映像が使用する波長帯域を制限する．観客は左右レンズにそれぞれの特性の分光フィルターを備えたパッシブ型のメガネを装

用することで立体視が可能である．偏光には依存しないためスクリーンは既設のものが利用できるが，高級カメラレンズ並みの多層膜コーティングを必要とする分光フィルターメガネは偏光メガネほど安価ではない．

このように映画では表示方式に画素重畳方式（多重投影）と時分割方式が使われている．これは画質の追求から表示解像度を優先した結果と考えられる．

2.4.2　3D-TV方式の比較

30年以上前からつい最近に至るまで，一般放送においても実験的に3D映像が放映された事例がいくつかある．これらにはアナグリフまたはColorCode 3-Dが利用された．カラーTVであれば左右視差画像の色別画素重畳表示が容易に行えるため，波長制限による立体視が可能である．アナグリフは先述のとおり赤と青のフィルターを使用するが，ColorCode 3-Dでは黄と青のフィルターを使用する点が異なる．いずれの方式も色再現性が乏しく高画質にはほど遠いが，送信や受像に既存のTVシステムがそのまま使用でき，メガネもきわめて安価に製造できるメリットがある．

だが，商業的な成功のためには画質は重要である．アナグリフにおいては左右画像の色差が大

表 2.4　3D-TV 表示方式の比較

観視方式	波長制限（参考）		時間制限		偏光制限
表示方式	アナグリフ	ColorCode 3-D™	時分割		面内割当て
TVセット	従来型		専用TV		
メガネ	赤青メガネ（安価）	黄青メガネ（安価）	液晶シャッターメガネ（高価・電池・重量）		偏光フィルターメガネ
表示パネル	従来型		プラズマ	液晶	円偏光化フィルター付き液晶
フレームレート	60Hz		120Hz以上	240Hz以上	60Hz
デメリット	色再現不可 長時間視聴不適	色再現性低	コスト高 周囲光フリッカ	コスト高 クロストーク 輝度低	垂直解像度半減 上下視野角 逆視

3D-TVの表示方式としては大きく2種類があげられる．表中の波長制限は過去のTV放映における参考であり，TVセットとして販売されているものとは異なる．近年レンチキュラレンズ方式による裸眼立体視に対応する3D-TVも販売され始めたが少数派に属する．3D-TVを高級機種と位置づけたアクティブメガネ方式と，低価格での普及を狙った偏光方式に2分される．

きく長時間の観視には不向きである．また一般放送とするにはメガネなしで見た場合の視差画像による色ズレも気になるところである．ColorCode 3-D はこれらを改善する色域を選択しており，とくにメガネなしで見たときの違和感は少ないが，十分な画質とするには専用方式が必要である．

現在市販されている 3D-TV には大きく 2 種類の方式が採用されている（表 2.4）．時分割表示と時間制限を併用するアクティブメガネ方式と，面内割当てと偏光制限を併用する偏光方式である．

a. 時分割＋時間制限

アクティブメガネ方式は，基本的に映画の XpanD と同様の仕組みである．ただし，通常の TV 放送が毎秒 50～60 コマであるため，左右交互表示には少なくとも毎秒 100～120 コマの表示能力が必要である．表示デバイスにプラズマ方式を用いる TV は表示応答性能が比較的高く，毎秒 120 コマで立体視に必要十分な画質を得ることができている．一方，薄型 TV の主流である液晶方式はコマ間の画像切替え時の残像が多く，毎秒 120 コマでは画面の大半で左右の映像が混じった 2 重像が見えるクロストークが生じる．したがって，液晶 TV でアクティブメガネ方式を採用するためには毎秒 240 コマ相当か，それに準じた特殊なバックライト制御を組み合わせるなどの工夫が必要である．

b. 面内割当て＋偏光制限

対する偏光方式は，表示デバイスに関しては従来と同等の毎秒 50～60 コマで必要十分な立体視性能が実現可能である．スクリーンに投影する映画とは異なり液晶 TV の場合，液晶パネルの画素配置は物理的に固定されたマトリクスをなしている．偏光方式ではこの液晶パネルの表面に水平ライン交互に旋回方向の異なる円偏光化フィルター（patterned retarder）を張り付けている．この液晶パネルを偏光メガネで観視すると，偶数ラインと奇数ラインがそれぞれ左右の眼のいずれか一方では見えない＝黒表示となる．したがって，視差画像を偶数ラインと奇数ラインに振分け表示すれば，左右の眼にはそれぞれ一方の視差画像だけが見えるため立体視が実現する．

偏光方式は表示面内の画素を静的に左右映像に振り分けるため表示応答性能にかかわらず立体表示を実現でき，また偏光制限を用いる点でも液晶パネルとの相性がよい．だが原理上，片眼当りでは垂直解像度が半分となり，また 1 ライン交互の表示となるため横縞が目立つなど，アクティブメガネ方式と比較すると画質面では不利となる．

国内メーカー製の高級 TV では数年前から動画応答性能の向上のため，通常の 2D 放送においても TV 内部で毎秒 120～240 コマに増速して表示を行う高フレームレート化が進んでいたため，アクティブメガネ方式への対応はその延長線上の対応とみなすことができる．とくに現状では 3D 対応がハイエンドの機能と位置づけられており，国内では画質で有利なアクティブメガネ方式が主流となっている．しかし，韓国メーカーなどは安価に 3D を実現する偏光方式の TV を市場投入しており，今後普及価格帯の 3D 対応製品でどちらの方式が主流となるか注目される．

表 2.5 3D 液晶モニター表示方式の比較

観視方式	視位置制限			時間制限	偏光制限	
表示方式	面内割当て		時分割	時分割	画素重畳	面内割当て
	レンチキュラレンズ	視差バリア	スキャンバックライト			
表示パネル	従来型＋レンズシート	従来型＋バリア層	120Hz以上＋特殊バックライト光学シート	120Hz以上	従来型×2＋ハーフミラー	従来型＋円偏光化フィルター
メガネ	不要			液晶シャッターメガネ	偏光フィルターメガネ	
解像度	水平半減奥行分解能低	水平半減奥行分解能低	フル	フル	フル	垂直半減
メリット	安価	安価	高精細裸眼3D	高精細 2D兼用容易	高画質 高精細	安価 2D兼用容易
デメリット	モアレ，縦縞 色収差，逆視	縦縞，逆視	大型化困難 輝度ムラ 狭い3D視域 液晶パネル性能	やや高価 電池切れなど クロストーク 液晶パネル性能	高価 筐体寸法・形状	横縞，逆視 クロストーク

ゲームなどを主とするコンシューマ PC から携帯機器，各種業務向けなど用途に応じて様々な方式が使い分けられている．いずれも一長一短がある．

2.4.3　3D 液晶モニター方式の比較

PC 用液晶モニターをはじめとする IT 系表示装置においては，3D-TV で使用されているアクティブメガネ方式，偏光方式に加え，さらに多くの 3D 表示方式が利用されている（表 2.5）．

a. 面内割当て＋視位置制限

先述した映画，TV では，左右視差画像を波長や偏光特性，時間の制限で分離するため，左右の眼に視差画像を振り分けるための専用のメガネの装用を必要とした．一方，公共施設や店舗などで利用されるデジタルサイネージや携帯電話，ゲーム機などのモバイル機器では専用メガネの装用を前提とすることができないため，裸眼立体視に対応する必要がある．古くから印刷物などにも応用されているレンチキュラレンズ（lenticular lens）方式に加え，液晶モニター向けでは視差バリア（parallax barrier）方式などが視位置制限による裸眼立体視に対応する方式として実用化されている．いずれの方式も視差画像を水平方向に画素単位で交互に配置し，それぞれの画素の視野角を制限するように蒲鉾型のレンズ，もしくは表示面と空間距離を隔ててスリット状の遮蔽バリアを配置することでそれぞれの視差画像が特定の方向からしか視認できないような構成としている．これにより特定の観視位置からは右眼には右眼画像のみが，左眼には左眼画像のみが見え，メガネなしでの立体視を実現している．また，これらの方式は1組のレンズ／バリア下の画素を増やすことで多視点化できるため，ある程度の範囲において運動視差への対応も可能である．

しかし解像度はパネル自体の解像度の半分以下と低く，表示面にレンズやバリアが存在することで色収差によるモアレの発生や輝度低下などの課題がある．

b．時分割＋視位置制限

一方，スキャンバックライト（scan backlight）方式はレンチキュラレンズにプリズムを組み合わせた特殊光学シートをバックライトの導光・拡散板に用いることで光を特定方向に拡散，視域を制限する．視差画像の時分割表示とバックライトの点灯を同期することで裸眼立体視が可能である．また時分割表示であるため，解像度において優位性がある．ただし，この方式は光が左右に拡散するため立体視可能な観視位置は画面正面に限られる．また画面周辺部の光を観視位置に集めることが難しいため，小型のモバイル用途には向くが表示パネルの大型化には課題がある．

c．画素重畳＋偏光制限

業務用 PC で必要とされる高解像度・高精細 3D 表示には，CRT モニターにアクティブメガネを組み合わせる方式が現在でも継続して使用されている．PC 向けの高精細液晶パネルでは TV 向けと比較すると応答速度が遅く，時分割ではクロストークを生じてしまう．これに対し CRT は電子ビームの走査によるインパルス型の表示を行うため，毎秒 120 コマのフレームレートで視差画像の交互表示を行っても残像によるクロストークを軽減できるからである．

しかし CRT が入手困難となったため，高解像度・高精細の 3D 表示を液晶パネルで達成する方式として，ハーフミラー（half-silvered mirror）方式が注目されている．これは独立した 2 枚の液晶パネルに左右視差画像を個別に表示し，ハーフミラーにより 2 つの像を光学的に重畳することで，あたかも 1 台のモニターに 2 つの視差画像が同時に表示されているように見せる方式である．このとき，左右画像で偏光特性を変えることで偏光メガネによる立体視が可能となる．

2.4.4 その他の方式

超多眼方式[2]やインテグラル方式，ホログラフィック方式など，輻輳・両眼視差だけでなく運動視差や調節にまで作用する，いわば究極の 3D 表示も研究段階ではあるものの試作機が各所で公開され始めている．

しかしながら，2D 画像がより精細かつ自然な発色，なめらかな階調表現を実現していく中，3D 表示の画質は常に数世代前の 2D 表示レベルに留まり続けているため，最新の 2D 表示を見慣れた眼にはどうしても見劣りしてしまう状況にある．これはひとえに 3D が取り扱わなければならない情報量の多さにある．試算によると，2D ハイビジョンと同等解像度の 3D 表示を実現しようとする場合，2D の 2.3 メガピクセルという情報量に対し，超多眼方式で数百メガピクセル，インテグラル方式で数十ギガピクセル，ホログラフでは数ギガ〜数テラピクセルもの情報量を必要とする．これを実現する上では表示デバイスの解像度や精細度，画像データの記録／伝送／処理系の大容量化や高速化など，様々な能力を現状の百〜数百万倍にまで高める必要がある．業務用の高精細 3D はもとより，コンシューマー向けとしてもこれら技術の実用化への道程は長いといえよう．

◆ 2.5 ま と め ◆

現在の3D表示方式を俯瞰してみると，原理面で大きく異なる方式が多数存在し，それゆえに各方式の長所・短所が際立っている．これはすなわち，決定打といえる方式が未だ確立されておらず，現状では目的に応じて最適な方式を選ばなければならないことを示している．

3D-TVやコンシューマー向けPCモニターでは映画館とメガネを共用できることや比較的低コストで実現できることからアクティブメガネ方式や偏光方式の採用が広がっている．

一方，業務用モニターでは個々の要求に対して最適な方式を選んでいく必要がある．とくに医療や分析分野で必要とされる超高精細表示や長時間の作業における疲労軽減，逆視による奥行錯誤の防止，電池切れ対策などといった観点からはTVやコンシューマー向けとは異なるアプローチが必要となる．

筆者らのグループはマンモグラフィなど医療用の超高精細3D表示向けにハーフミラー方式の3D液晶モニター（図2.3）を，またリアルタイムステレオSEMによる3D動画像表示向けには指向性光源（directional backlight）方式による裸眼3D表示対応カラー液晶モニター（図2.4）の実用化を進めている．

ハーフミラー方式はモニターの形状がやや特殊ではあるが表示パネルの選択幅が広く，超高精細表示など，既に医用画像表示用として実績のある2Dモニターをそのまま用いることも可能である．ハーフミラーと偏光メガネによる輝度低下や画質影響は皆無ではないものの，少なくとも各視差画像を表示する段では2D時と同等の画質が保証されるため，とくに高画質が要求される用途には最適といえるであろう．

一方，SEM観察をはじめ業務用途で3Dモニターを使用する場合は，装置操作のため他の2Dモニターとの併用やモニター注視以外の作業を考慮する必要がある．3Dモニターで用いられる

図2.3 ハーフミラー方式3Dモニター（EIZO RadiForce GS521-ST）
医用画像表示用に開発した画素重畳＋偏光制限による3Dモニター．片眼当り2,560×2,048画素，画素ピッチ0.165 mmの超高解像度3D表示を実現する．

図2.4 directional backlight方式裸眼3Dモニター（EIZO DuraVision FDF2301-3D）
リアルタイムステレオSEMの高精細3D映像表示用に開発した時分割＋視位置制限による3Dモニター．2D液晶モニターとの併用による長時間作業向けに裸眼立体視に対応しつつ，片眼当りフルHD（1,980×1,080画素），画素ピッチ0.2655 mmの高精細カラー3D表示を実現する．

偏光メガネやアクティブメガネは他の液晶モニターの表示や室内光との干渉懸念があり，また装用中は視界が暗くなるためメガネの脱着が避けられず煩わしさが生じる．このような課題に対し，裸眼で高精細・高画質の立体視を実現する手法として時分割＋視位置制限による指向性光源方式を考案した[3,4]．この方式は楕円ミラーを用いた特殊なバックライト構造により，表示面から射出する光の指向性を画面両端に至るまでなめらかに制御することで，大画面においても視差画像を左右の眼に振り分けて表示が行える．したがって，片眼当りでは2Dモニター同等の高精細画像をパネル直視で裸眼立体視することができる．専用メガネを用いることで生ずる着脱の煩わしさや他モニターとの干渉といった課題を解消しつつ，従来の裸眼3Dモニターでは得がたい高精細・高画質の表示を実現することで，業務用途での長時間の3D観察に貢献できるであろう．

文　献

1) ㈱エヌ・ティー・エス，立体視テクノロジー，2008
2) 高木康博：3Dディスプレイの現状と将来，日本顕微鏡学会第67回学術講演会講演，2011
3) 伊藤 広，林 昭憲，米谷友宏，坂井 晶：指向性光源を用いたフレーム順次式高解像度液晶裸眼立体視ディスプレイ．映像メディア処理シンポジウム，31-32，2009
4) Hayashi A.：A 23-in. full-panel-resolution autostereoscopic LCD with a novel directional backlight system，*The Journal of the SID*，**18**(7)，507-512，2010

3 実体顕微鏡の3Dイメージング法

[高沖英二]

◆ 3.1 双眼実体顕微鏡の利用と種類 ◆

　英語で3D microscopeあるいはstereo microscopeといえば双眼実体顕微鏡を指し，同じ仕組みのものが手術用顕微鏡として臨床現場で使われている．このタイプの顕微鏡は，観察者の両眼に視差画像を直接，光学的に提供してステレオ観察を実現するが，主に目視下での手作業を目的としているため作動距離が長いことが特徴である．倍率的には数倍から数十倍が普通で，最高でも百数十倍程度である．

　数百倍の倍率になると，ステレオ観察が可能な光学顕微鏡はほとんど製品化されていない．その理由としては，高倍率・高解像度を追求すると，原理的に作動距離を長く取ることや焦点深度を深く取ることが困難なことと，そもそもそのような高倍率の顕微鏡下での手作業では難しいためにニーズが少ないことが考えられる．

　ニーズという観点で見れば，多くの研究者のニーズは超微細構造の3次元情報の取得であり，顕微鏡の研究開発も視差を利用する双眼実体顕微鏡の高倍率化・高解像度化ではなく，連続断層画像が得られるレーザー共焦点顕微鏡を始め，多光子励起顕微鏡，Stimulated Emission Depletion（STED）顕微鏡，Stochastic Optical Reconstruction Microscopy（STORM），Digital Scanned Laser Light-Sheet Fluorescence Microscopy（DSLM），Total Internal Reflection Fluorescence（TIRF）やそれを発展させた薄層斜光照明（HILO）法など，蛍光を前提として深度（z）方向にスキャンして3Dイメージを得る方向へ進んでいるのが現状といえるだろう．深度（z）方向にスキャンを行う分，速度的には不利になるといわざるをえない．

　高速な経時変化を捉えようとする場合や，蛍光染色ができない場合，さほど強拡大が必要ない場合は，実体顕微鏡のように視差を利用した方法の方が費用の面から考えても有利であろう．

　本章では実体顕微鏡の3D動画記録の方法について解説する．

　実体顕微鏡の3D動画記録の意義としては，研究目的以外に教育への活用がある．たとえば遺伝子導入などの顕微鏡下の操作手技の指導の際に，前もってベテランの手技を3D動画で見せておくことによって飛躍的に習得が速まったりする．

　それほど3D動画記録のメリットがあり，どこの研究室にでもあるほど普及しているにもかかわらず，3D動画記録を前提にした実体顕微鏡を製品化しているケースはまだ多くはない．その理由としては，これまでは記録したとしても3Dとして再生表示する手段が少なかったことや様々な技術的，コスト的な問題があり，さらに撮影した3D動画の編集の問題などもあって，メ

ーカーも製品化に積極的になれなかったことが考えられる．しかし手術顕微鏡など臨床用の動画記録・編集システムについては3D化の兆しがでてきている．

双眼実体顕微鏡は，大きく分けてグリノー（Greenough）式とガリレイ（Galilei）式とに分類される．後者はテレスコープ式と呼ばれることもある．

3.1.1 グリノー式実体顕微鏡

グリノー式の実体顕微鏡の場合は，右眼用，左眼用の光学系が左右に独立に，光軸が試料台付近で交差するように配置されている．カメラ用の鏡筒がついている場合は，カメラ専用の光学系がさらに1系統独立に実装されているので3眼式ともいうが，このカメラ用鏡筒は立体視とは無関係に設計されているので，3D用としては使えない．3D撮影用の2台のカメラは左右の接眼部に装着することになるため，目視とカメラは両立しないことになる．

3D撮影は通常の撮影とは異なり，2台のカメラの光軸を精密に揃える必要がある．接眼部にカメラを装着するためのマウントアダプタは各種市販されているが，それらのほとんどが3D撮影を前提としていないため，光軸・視野を合わせるための「芯出し調整機構」が付いていない場合が多いので，注意が必要である．

3.1.2 ガリレイ式実体顕微鏡

ガリレイ式の場合は，対物レンズが中央に1つあり，その後平行に並ぶ左右2つの光学系に分かれる．このタイプの実体顕微鏡は，様々なユニットを組み込めるように無限遠補正光学系となっている．そのため，接眼鏡筒の前にスプリッタすなわちハーフミラーを挟み込んで目視用の接眼鏡筒とカメラ撮影用鏡筒へ振り分けて，目視と記録を両立させることが可能である．

手術顕微鏡はガリレイ式が多いので，ビームスプリッタを取り付けて，左右の光路にそれぞれカメラを正しく取り付けられれば，目視しながらの3D動画撮影ができる可能性がある．

◆ 3.2 双眼実体顕微鏡を用いた3D動画記録の方法 ◆

3.2.1 視差の問題

カメラ2台を左右の光学系それぞれに装着して精密に調整したとしても，ほとんどの場合，基本的な視差を変えることはできない．多くの実体顕微鏡では，目視を前提に光学系を最適化しているために，大画面で3D表示したときに視差が大きすぎることが多い．視差が大きすぎる場合は，観察者の目と知覚に大きな負担をかけ融像できなくなるため，注意が必要である．それとは逆に視差が少なすぎる場合は，不自然あるいは物足りなさを感じることはあっても，立体視が破綻するわけではない．

ガリレイ式の実体顕微鏡の場合，構造的にズーム倍率によって視差が変化することがあるため，適正な視差が得られる倍率が限られてくることがある．

3D化に関しては，最後まで付きまとうのはこの視差の問題である．最適な3D像を実現するためには，表示装置の特性に合わせた撮影条件の設定が必要となる．

3.2.2 高速カメラによる3D動画撮影

図3.1はガリレイ式のSZX16（オリンパス社製）にビームスプリッタ，写真アダプタおよび「芯出し調整マウント」を介して2台の高速度カメラを装着した例である．カメラを複数使用する場合は常にタイミングの同期が問題となるが，この高速度カメラの場合は外部同期トリガー端子があり，トリガーボックスから高精度の同期記録が可能である．動画データはギガビットイーサネット接続したパーソナルコンピュータに転送することができる．ここで使用しているビームスプリッタは，光を目視鏡筒のみに全量，カメラ鏡筒のみに全量，双方に半分ずつというよう3段階に切り替えられるが，高速撮影の場合はとくに大光量が必要となるので，記録時にはカメラ鏡筒のみにすべての光を送るべきである．

3.2.3 通常速度の動画撮影

高速カメラで撮影するような速い現象ではなく，目で見てわかる程度の速さの動きを伴う被写体の場合でも同期記録は必要となる．これは，単に録画を同時にスタートさせるという問題だけではなく，各フレームのタイミングを厳密に同期させる必要がある．

左右の動画に少しでも時間的ずれがあると対応点に不整合が生じ，視野闘争が生じることがあるからである．そのため，2系統の動画像を同期記録するためには，3D動画撮影用のシステムとして新たにハードウェアを含めて構築しなければならない場合が多い．つまり，外部同期が可能なカメラを2台用意して，同期信号発生装置（シンクジェネレータ）からの同期信号をそれぞれの外部同期入力端子に入力，または一方のカメラの同期信号を他方に入力して同期させる，と

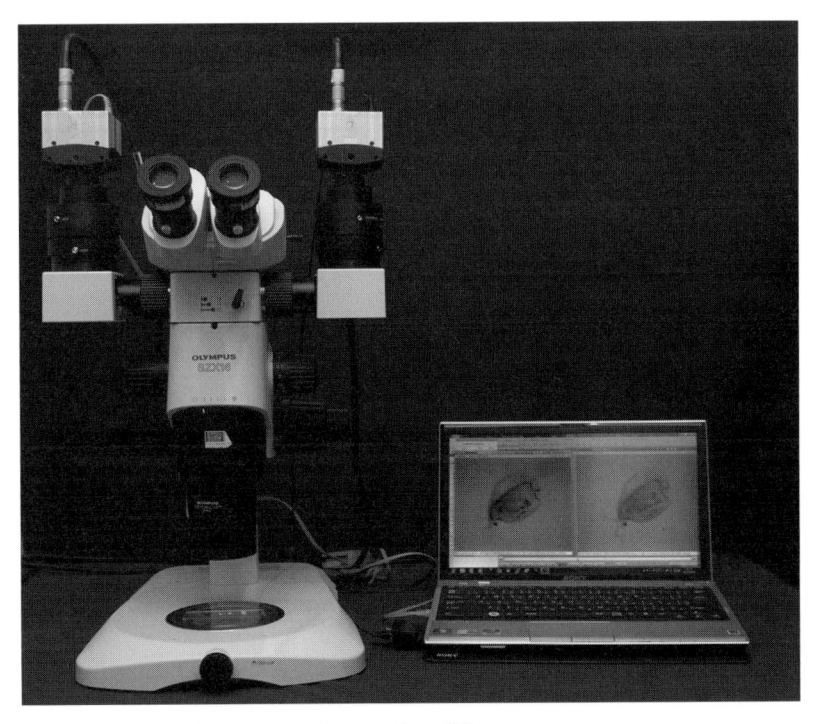

図3.1 ガリレイ式のSZX16（オリンパス社製）

いうことが必要になる．

　たとえば，秒間 30 フレームのカメラ 2 台の場合，同期を取らなければ最大 60 分の 1 秒のズレが生じる可能性があるが，60 分の 1 秒の間被写体がまったく変化が見られないような遅い動きの場合は，同期しなくても実質的な問題はないと考えられる．

3.2.4　安価な 3D 動画撮影システムの可能性

　最近の家庭用ビデオやデジタルカメラの中には秒間数百フレームの高速撮影が可能な機種があるので，そのようなカメラをうまく顕微鏡へ取り付けられれば，驚くほど低予算で 3D 動画システムを構築することができる．たとえば 120 fps 撮影すれば，同期のズレは最大でも 240 分の 1 秒となり，記録後の動画編集時に 120 fps でフレームを合わせてから 30 fps に変換することで同期のズレを小さくすることができる．撮影の際にはストロボを発光させたりして，フレーム合わせのためのマークを打っておく必要がある．

3.2.5　3D 動画の編集と上映

　2 台のカメラで撮影したデータは，左右別々のファイルとなって記憶媒体に保存されることになる．左右のカメラのアライメントが十分に調整されていない場合は，動画編集ソフトを用いてステレオアライメントを再調整しなければならない．最近，学会などでの 3D プレゼンテーションの機会が増えつつあるが，3D 動画専用のステレオアライメントの調整や 3D アノテーション機能をもった 3D プレゼンテーションソフトウェアなどの最新情報に関しては，http://www.actioforma.net/CDK/ をご覧いただきたい．

4 連続切片を用いた胚や組織の立体再構築
[駒崎伸二・亀澤 一・猪股玲子]

　研究や教材作成などの目的で，生物の構造（とりわけ，胚や組織などの構造）を立体的なイメージとして表す方法には古くから関心がもたれ，その方法の開発が試みられてきた．その方法を飛躍的に発展させたのは，コンピュータを利用した立体再構築法とその普及である．その結果，最近では，コンピュータの高性能化に伴い，膨大なデータを高速で処理できるようになったために，立体再構築されたモデルの質が格段に向上した．しかも，高精細な立体モデルを容易に扱えるようになり，その作業効率も非常によくなった．

　ここでは，連続切片の写真データをもとに立体再構築（3D 再構築）する方法を 2 つ紹介する．その 1 つは，旧来から用いられてきた方法で，連続写真中に含まれる構造の輪郭をトレースしたデータをもとに，目的の構造を立体再構築する方法（サーフェスモデリング）である．この方法は，コンピュータの活用により，以前よりも大規模な立体再構築が簡単にできるようになったために，現在でも実用的方法の 1 つとして用いられている．そして，もう 1 つはコンピュータの性能が飛躍的に向上したために可能になった方法で，ボリュームレンダリング法と呼ばれる高精細な立体再構築法である．両者とも一長一短があるので，それらの方法を目的に応じて使い分けたり，両者を補完的に使用したりすることにより，よりわかりやすい立体モデルの作製が可能である．

　ここで紹介する 2 種類の立体再構築法は，高価で特殊な設備を必要とせず，誰もが容易に利用できることを前提としたものである．そのために，ここでは身近にある設備を活用するとともに，フリーのソフトを用いた立体再構築法を紹介する．そして，それらの方法を用いて我々が作製した立体モデルの例についてもいくつか紹介する．それらは誰もが容易に利用可能な方法であるにもかかわらず，作製された立体モデルは，高価な設備を用いて作製されたものと比べてけっして見劣りするものではない．それどころか，作製者の腕と努力次第では，どんなに高価な装置を用いてもできないようなすばらしい立体モデルを作製することが可能である．

◆ 4.1 連続写真画像に含まれる構造の輪郭をトレースした ◆
　　　データから立体再構築する方法

　生命科学の研究や教育における基本的な手法の 1 つがプレパラートによる生物の構造の顕微鏡観察である．プレパラートによる観察では二次元（平面）の情報が得られるだけではあるが，標本の連続切片を順次観察することにより，その構造の立体的なイメージを頭の中に描くことは可能である．しかしながら，そのイメージをもとにした説明や描画では，標本の立体構造を他の人に正確に理解してもらうことは困難である．しかも，そのような方法では，説明を受ける側にとってもインパクト性に欠ける．それを改善するために，標本の連続切片の観察データから精確な

A. 連続切片上における輪郭のトレース

B. 切り抜き　重ね合わせ

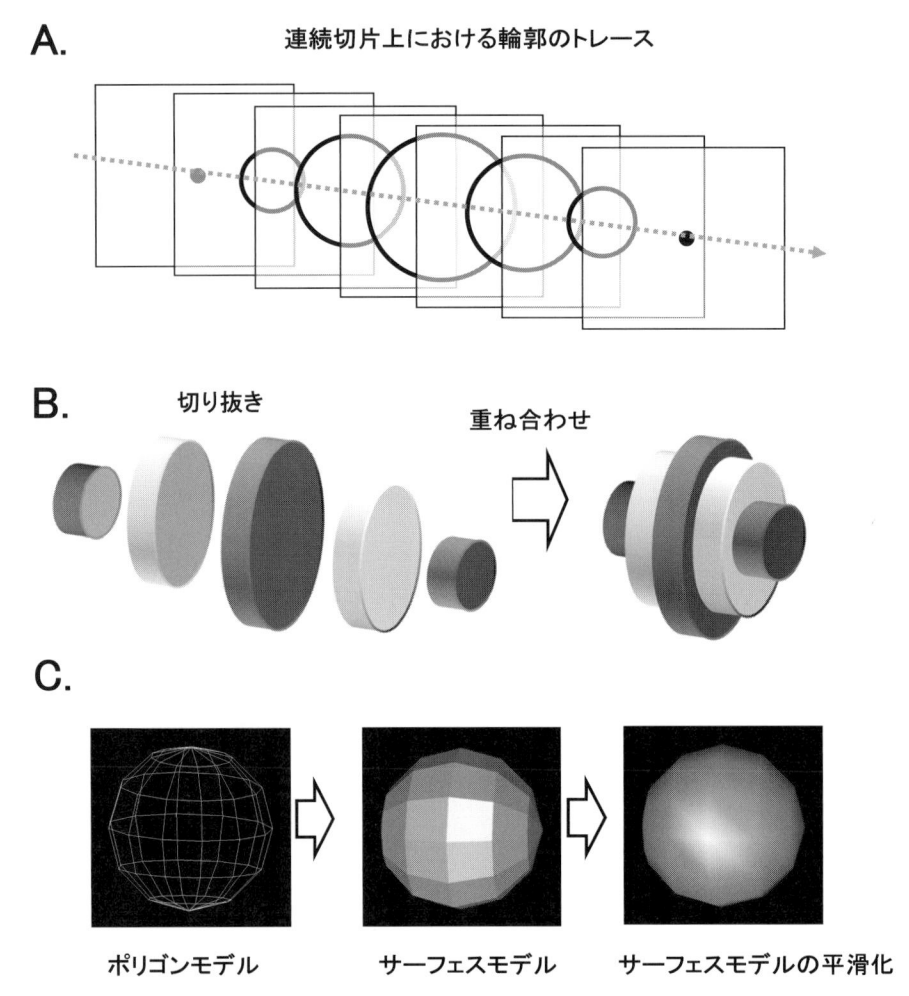

C. ポリゴンモデル　サーフェスモデル　サーフェスモデルの平滑化

図 4.1　連続切片中の構造の輪郭をトレースして立体構造を再構築する方法
A. 最初に，連続切片中の構造の輪郭をトレースする．B. 旧来の方法では，トレースした線画を一定の厚さの厚紙などに書き写してそれを切り抜き，重ね合わせることにより立体構造を作製した．C. コンピュータを用いた方法では，連続切片の画像をトレースしたデータをもとにポリゴンモデルを作製し，その表面構造を描画してサーフェスモデルを作成する．さらに，その表面をなめらかに加工してよりリアルな立体構造を作製する．

立体モデルを作製して表示しようという努力が続けられてきた．当初は，連続切片中の構造の輪郭を一定の厚さのダンボール紙や透明なビニール板などに写し取り，それをハサミで切り抜いて重ね合わせることにより立体モデルを作製していた（図 4.1A, B）．そして，そのモデルを様々な角度から眺めて目的の構造を三次元的に理解しようという試みが研究の一手段としてまじめに行われていた．

　その後，膨大なデータを高速で処理できるコンピュータが普及し，今まで手作業で行っていた写真の位置合わせや重ね合わせによる立体再構築の作業などは，コンピュータがいとも簡単に処理できるようになった（図 4.1C）．しかも，できあがった立体モデルを多様な表現方法（たとえば，内部を透かして示す表現や，いくつかの立体モデルを組み合わせた表示など）で表示するこ

とが可能になり，この方法の利用範囲が広がった．そのために，この方法は連続切片から簡単に立体モデルを作製する方法の1つとして，今でも一般的に用いられている．以下に，この方法について具体的に解説する．もちろん，現在では，ハサミや段ボール紙を用いて行う人はいない．それは，コンピュータを用いることにより，誰もが簡単に立体モデルを作ることができるようになったからである．

4.1.1 使用するソフト

この方法では，撮影した連続写真を整列させた後，目的とする構造の輪郭を手作業でトレースし，そのデータをもとにしてコンピュータに立体再構築させる．それに必要なのは，連続写真を精確に整列させるためのソフトと，トレースした構造の輪郭をもとに立体再構築するためのソフトである．

a. 撮影した連続写真を精確に整列させるソフト

撮影した連続写真を精確に整列させるためには，フリーソフトとして公開されているImageJ[1]に，そのプラグインソフトであるStackregとTurboregをインストールして用いる方法や，同じくフリーのソフトとして公開されている別の整列ソフト（たとえば，Align[2]など）を用いる方法などがある．これらのソフトが用いられるようになる以前は，連続写真の整列を手作業で行うしかなく，そのために多くの労力を要したが，これらのソフトが開発されたことにより，コンピュータに任せておけば精確な整列が短時間でできるようになった．連続写真の精確な整列は，高精細な立体モデルを作製するためには必要条件の1つで，それが精確でないとできあがった立体モデルが歪んだり，その表面にデコボコが生じたりして見るも無残なモデルになってしまう．ここで紹介したImageJのStackregとTurboregが光学顕微鏡写真用，そして，Alignが電子顕微鏡写真用として紹介されているので，それぞれの特徴を考慮して，立体再構築しようとする画像に適したソフトを選んで利用するとよい．

b. トレースした画像データをもとに立体モデルを作製するソフト

この種の実用的なソフトは国内外で何種類か販売されているが，それらの価格はけっして安いものではない．しかしながら，今の時代，世界中を探せばオープンソースとして公開されているフリーの実用的なソフトを見つけることができる．ここで紹介するReconstruct[2]と呼ばれるフリーソフトは，市販されているソフトと比べても遜色のない高性能で実用的な立体再構築ソフトである．ReconstructはSynapseWeb[3]によりフリーで配布されている．それと同時に，それに関連したいくつかの便利なソフトも同サイトからフリーで配布されている．

4.1.2 作業の実際

a. 連続切片の撮影と精確な整列作業

高精細な立体モデルを作製するためには，標本を高解像度で撮影する必要がある．そのような顕微鏡専用のデジタルカメラは高価なので，それに替わる経済的な方法として，リモートビュー機能のついた一眼レフデジタルカメラ（たとえば，CanonのEOS X2以降の機種）を安く購入し，市販の専用アダプターを介して顕微鏡に取り付けて写真撮影する方法がお勧めである．この

場合，デジタルカメラと USB 接続したコンピュータで映像を観察しながら正確な焦点合わせができるために，低倍の撮影でもピントのよく合った写真撮影が簡単にできる．しかも，一眼レフデジタルカメラは，大型の CCD を使用している上に，ホワイトバランス調節機能なども充実しているので，顕微鏡撮影専用に販売されている高価なカメラを用いるよりも，はるかにきれいで高解像度の写真が容易に撮影できる．

　撮影が完了したら，次に行わなければならないのが，連続写真の精確な位置合わせである．我々は，ImageJ とそのプラグインソフトの Stackreg と Turboreg を光学顕微鏡写真の位置合わせに使用している．このソフトは性能がよいので，きれいに作製された切片ならば非常に高精度に位置合わせをしてくれる．この際の注意点として，大きなゴミや汚れが写真上にある場合はコンピュータが整列を間違えやすいので，あらかじめ Photoshop などを用いて，それらの邪魔者を消しておくのがコツである．また，撮影の際に大きく角度がずれてしまった写真がある場合にも，コンピュータが整列を間違いやすいので，それを防ぐために，位置合わせ作業の前にその写真の角度を修正しておくことも重要である．

　撮影された写真の解像度が高ければ，それに応じて高精細な立体モデルを作製することが可能である．しかしながら，その際に問題となるのは，コンピュータやソフトの性能上，扱えるデータの容量に限界があることである．一般の 32 bit 版の Windows では，ImageJ が扱える写真データの容量は数百メガバイト程度までである．それ以上の容量を扱う場合には，64 bit 版の OS がインストールされたコンピュータに 64 bit 版の ImageJ をインストールして用いる必要がある．これならば，扱えるデータの容量を気にする必要はなくなる．しかしながら，当然ではあるが，データの容量が多くなるとそれを処理するコンピュータの性能も重要な問題になってくる．つまり，短時間で作業を完了させるためには高性能なコンピュータが必要になってくる．高性能なコンピュータを安価で手に入れるコツは，コンピュータグラフィック用にセットアップされて販売されている中古のワークステーションを購入することである．コンピュータグラフィック用の機種には高性能なグラフィックボードや十分な容量の RAM メモリーが搭載されているので今回の目的にはピッタリである．

b．輪郭のトレース作業

　写真がきれいに整列できたら，次に行うのがその連続写真を立体再構築ソフトに取り込んで，目的の構造のトレース作業を行う．この作業は，基本的には手作業で行わなければならない．この際に，いかにして構造の輪郭を精確にトレースできるかが，できあがった立体モデルの見栄えを大きく左右する．写真の枚数が多い場合，このトレース作業をマウスで念入りに行うのは根気を必要とするが，この作業をできるだけ効率よく精確に行うことが必要不可欠である．そこで，それを効率的に行うための 1 つの方法として，手書き文字などをコンピュータに取り込ませる装置（グラフィックタブレットと称して一般に販売されている）を利用する方法などがある．最近では，さらに便利な装置として，コンピュータのモニター画面の像をペンでなぞってその軌跡をコンピュータに自動的に取り込ませる特殊なモニターも販売されているので，それを使うとさらに精確で容易にトレースすることが可能である．

　この方法では，トレースが完了すると作業のほとんどが完了したようなものである．それは，

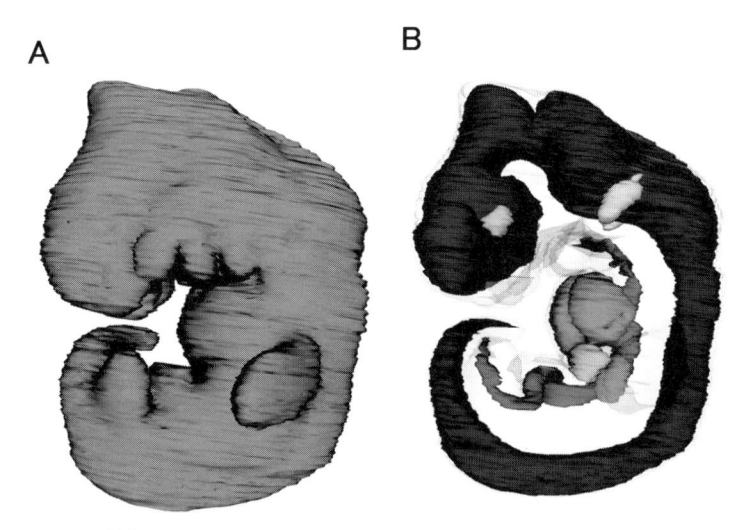

図 4.2　輪郭をトレースした連続画像から立体再構築したマウスの 10.5 日胚
構造の輪郭をトレースして作製された立体モデルはその表面構造（A）だけの立体モデルとして見ることができる．もちろん，その内部構造までトレースすれば，表面構造を透かして体の内部構造まで同時に見えるようにすることもできる（B）．

トレースした画像データをもとに，コンピュータが瞬時に立体モデルを作製してくれるからである．また，Reconstruct には，できあがった立体モデルをいくつかの異なる表現で表示する機能もある（図 4.2）．それとともに，3D 用のファイルとして一般的に用いられている形式（VRML ファイル，拡張子は wrl）により，作製された立体モデルを出力する機能もある．それゆえ，VRML 形式で出力された立体モデルを他のソフトで観察したり，加工したりすることが可能である．さらに，専用のビュアーを用いれば，作製した立体モデルを講義や講演などの場で容易に表示することもできる．

c. できあがった作品を観察するためのビュアー

　Reconstruct で作製された立体モデルは VRML ファイル形式で出力できるので，そのファイルを読み込んで立体表示できるフリーのビュアーは数多くある．我々は，作製した立体モデルを講義などで表示する際には GLview[4] や Cosmoplayer[5] などを用いている．また，一般に販売されているコンピュータグラフィック関連のソフトをもっていれば，Reconstruct で立体再構築した立体モデルの VRML ファイルをそれらのソフトに取り込んで，そのモデルの表現や形をいろいろと加工することも可能である．我々は，Reconstruct で作製した立体モデルを市販のコンピュータグラフィックソフト（Autodesk 社の 3D Studio Max や Maya）に取り込んでそれらを加工して，表現法を様々に変えたり，複数の立体モデルを組み合わせてさらに複雑な立体モデルを作製したりしている．もちろん，このような作業が行えるフリーで便利なコンピュータグラフィックソフトも数多く存在する．

4.2 連続切片の写真から直接に立体モデルを作製する
ボリュームレンダリング法

　輪郭をトレースしたデータに基づく立体再構築法は，いわゆるサーフェスモデリング法と呼ばれる表現方法なので，立体モデルの表面だけしか示すことができない．もちろん，内部構造までトレースすれば，その表面構造を透かすことにより，表面構造と内部構造を同時に見ることができる．しかしながら，目的によっては，その表面構造から内部構造の細部のすべてに至るまで詳細に観察したい場合もある．それを可能にした方法が，ボリュームレンダリング法である．この方法は，MRIやCT画像をもとに人体の内部構造を立体視するための方法として，医療の分野では幅広い領域の診断に用いられている．ここで紹介するのは，医療用に開発されたボリュームレンダリング用のソフトを用いて，胚や組織の高精細な立体モデルを作製する方法である．つまり，MRIやCT画像の代わりに連続切片の写真を用いて，胚や組織の詳細な立体モデルを作製する技術である．

　ここで用いられるボリュームレンダリング法とは，写真画像のピクセル単位に一定の厚みをもたせたボクセルと呼ばれる単位からなる画像を積み重ねて立体モデルを構築する方法である．それゆえ，作製された立体モデルの中身には連続写真のすべてのデータが含まれているので，その内部構造まで自由自在に詳細に観察することができる．

4.2.1　使用するソフト

　このボリュームレンダリング法の場合も，前の方法と同じように，撮影した連続写真の位置合わせを精確に行う必要がある．それとともに，連続写真の色調やコントラストなどにばらつきがないように，それらをできるだけ一様に揃えなければならない．これらの処理を怠ると，きれいな立体モデルを作ることができない．それらの処理が終われば，後はボリュームレンダリング用のソフトが一気に立体再構築してくれるので，画像をトレースする方法の場合と比較して，より簡単に立体モデルを作ることができる．

a.　撮影した連続写真を精確に整列させるソフト

　作業工程は前の方法とまったく同じで，既に紹介したImageJを用いて整列を行う．整列させた後の画像処理（写真の色の濃さやコントラストの調整，画像のシャープ化などの処理）の機能もImageJに備わっているので，それらを用いて処理すると便利である．

b.　ボリュームレンダリング用のソフト

　この種のソフトは医療用として国内外で数多くの種類が販売されているが，それらはいずれも高価である．しかしながら，この場合も，国内外を探すと実用的なフリーソフトがいくつか手に入る．Windows用にはサイバネットシステム(株)がフリーで配布しているRealia[6]（現在は配布されていない．章末参照）があり，Mac用にはオープンソースとして公開されているOsirix[7]がある．これらの他にもフリーのボリュームレンダリングソフトは国内外にいくつも公開されているが，RealiaやOsirixと比べると性能や操作性が劣るので，今回の目的には適していない．

　RealiaとOsirixはともに高性能なソフトであるが，WindowsをOSとするコンピュータを主

に用いている関係上，我々はRealiaの有料版であるRealia Professionalを用いて立体モデルの作製を行っている．OsirixでもRealiaと同じ作業ができるが，さらに，Osirixには64 bitのフリー版（32 bit版は無料であるが，64 bit版は一定額の寄付が必要）も配布されているという利点がある．というのは，作製する立体モデルの容量が非常に大きくなる場合には，64 bitのソフトが必要不可欠だからである．

4.2.2 作業の実際

この方法では，連続写真の整列が終われば，それだけですぐに立体モデルを作ることができる．それゆえ，この方法で作製された立体モデルの質（見栄えや高精細さ）は，用いた連続切片の質に依存する．つまり，質のよい立体モデルを作れるかどうかは，いかに薄くきれいな（しわやゴミがなく，色調が均一）連続切片を作れるかによる．その際に必要なのは，切片を作る腕前であるが，どんなに経験が豊富な人でも，パラフィン切片で高精細な標本を作るのには限界がある（図4.3）．それは，パラフィン包埋した標本では，切片を薄く切ることが難しいのと，標本作製の過程で切片の壊れや収縮が起こりやすいからである．

そこで，我々は，それらの問題点を解決するために，電子顕微鏡用の標本を作製する方法で連続切片を作製している．まず，胚や組織を電子顕微鏡観察用の固定液（2.5％グルタルアルデヒド，3％パラホルムアルデヒド，0.1 Mカコジレート緩衝液，pH 7.0〜7.5）で前固定した後，0.1％のOsO$_4$（カコジレート緩衝液，pH 7.0〜7.5）で後固定する．固定した標本は，脱水処理後，エポン樹脂に包埋して連続切片を作製する．連続切片はトルイジンブルーで染色後，エポン樹脂で封入してから写真撮影する．この方法ならば，誰もが薄くきれいな標本を再現性よく作ることが可能である．しかも，エポン樹脂切片ならば，パラフィン切片では不可能な，厚さが1 μm以下の薄い連続切片を再現性よく作ることができる．それゆえ，非常に高精細できれいな立体モデルを作製することが可能である．しかしながら，この方法にも技術的な限界がある．我々

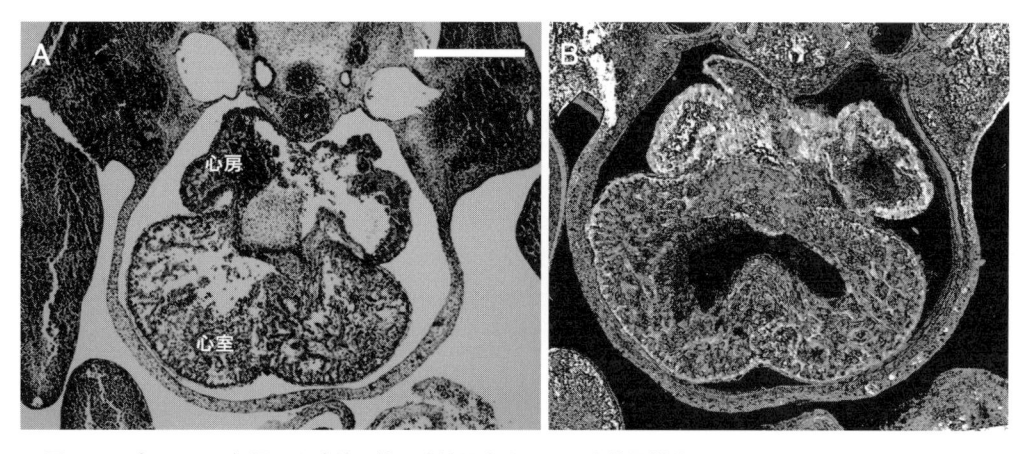

図4.3 パラフィン包埋した連続切片の連続写真を用いた立体再構築
パラフィン包埋したマウスの発生過程の心臓の連続写真（Aはそのうちの1枚を示す）と，それらをもとにして立体再構築したモデル（B）を示す．図中のバーは1 mmを示す．

の経験では，切片の厚さは 0.3 μm 程度までが限界である．それは，切片の厚さが 0.3 μm 以下になると，トルイジンブルー染色の色が薄くなって，写真撮影が難しくなってしまうからである．

この方法で高精細な立体モデルを作製するための必要条件は，切片をできるだけ薄く作製するとともに，写真画像の解像度を上げることである．しかしながら，切片を薄くすると写真の枚数が多くなり，コンピュータが処理しなければならないデータの容量が大幅に増加することになる．同様に，写真画像の解像度を上げればより高精細になる一方で，画像データの容量が大きくなってしまう．現状では，ソフトやコンピュータが扱えるデータの容量には一定の限界があるので，残念ながらその範囲内にデータ容量を収める必要がある．

現実的な問題として，32 bit 版の Realia が余裕で扱える写真データの容量はおおよそ 300 MB 程度までである．一方，64 bit 版のソフトを使用すれば，それよりもはるかに多量のデータを扱うことは可能である．たとえば，Realia の高機能版である 64 bit 版の RealINTAGE では 2 GB までの容量のデータを扱うことができる．しかしながら，より高精細な立体モデルを作製しようとすると，それでも少々不足気味である．たとえば，連続切片を 1,200 万画素（BMP ファイル）で写真撮影すると，その総合容量が 2 GB くらいまではすぐに達してしまう．とりあえずこの問題を避けるには，立体モデルにしたい写真の一部だけを残して，不要な部分をトリミングして除いてしまう方法などがある．その際に，ImgeJ を用いれば，膨大な連続写真のトリミングを一気に行ってくれるので便利である．

その他の問題点として，連続切片の厚さの微妙な違いにより，染色された切片の濃淡にむらが出てしまう場合がしばしばある．そのままでは，立体モデルに色づけをするときに縞模様が生じたり，その他にもいくつかの問題が生じたりして，作製された立体モデルが見苦しいものになる．それを防止するためには，連続写真（モノクロ写真）の色の濃さを一定の値に揃える作業が必要である．その機能も ImageJ に備わっているので，ImageJ を用いて連続切片全体の濃度を一定に修正するとよりきれいな立体モデルを作製することができる．

4.2.3 ボリュームレンダリングされた立体モデルを観察するためのソフト（ビュアー）

現在，異なるソフトでボリュームレンダリングされた立体モデルを共通して見ることができるビュアーはないので，それぞれのソフトの配布元が提供しているビュアーを用いて立体モデルを観察するしかない．ここで紹介した Realia と Osirix の場合には，それぞれ独自のビュアーがフリーで配布されているので，それらを用いれば，いつでも誰でもが作製された立体モデルを自由自在に，その内部構造までも詳細に見ることが可能である．その際に必要なのは机上のコンピュータだけである．

◆ 4.3 ボリュームレンダリング法で作製された立体モデルの観察モード ◆

4.3.1 擬似カラーや影づけなどによる立体モデルや断面構造の強調

ボリュームレンダリングのソフトには，作製された立体モデルをリアルに示したり，立体感を

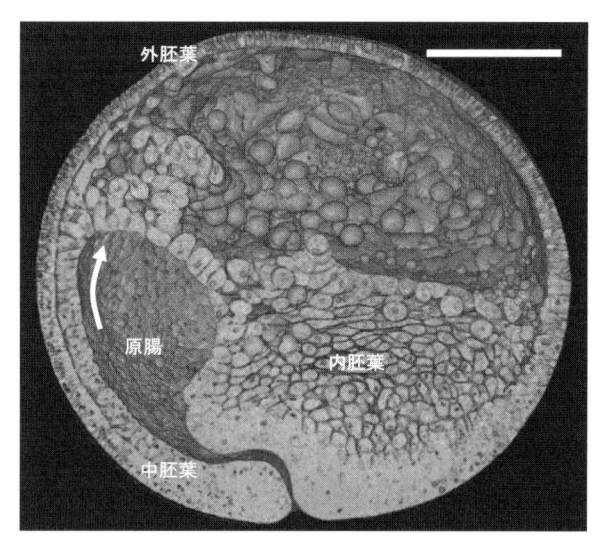

図 4.4　立体再構築された両生類の原腸胚（口絵 3 参照）
両生類の原腸胚では，中胚葉が外胚葉の内面に沿って矢印方向に移動することにより，将来の消化管になる原腸を形成する．外胚葉内面に沿って移動する細胞の様子がよくわかる．エポン樹脂包埋した厚さ 1 μm の連続切片を用いて立体構築したモデル．図中のバーは 0.5 mm を示す．

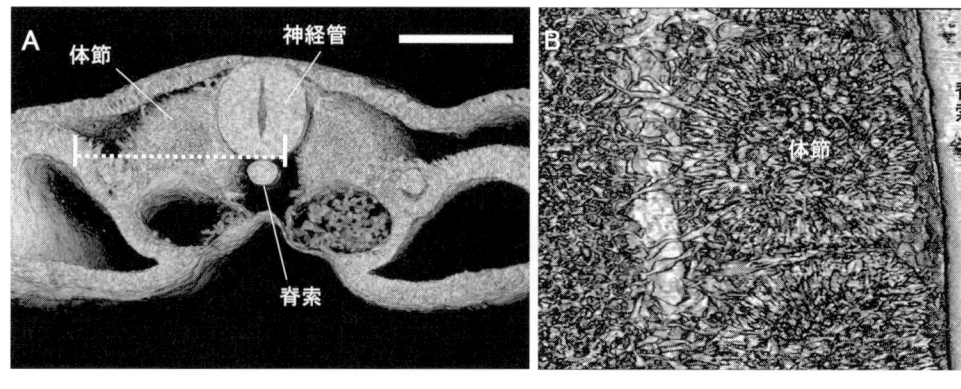

図 4.5　見たい部分の断面の詳細な表示（口絵 3 参照）
立体再構築されたモデルの任意の断面を高精細に表示することができる．A はニワトリ神経胚の断面の立体モデルを示す．B はニワトリ神経胚の体節の部分を脊索の上部の位置で切断して，体節を構成する細胞の形態を高精細に表示したものである．
エポン樹脂包埋した厚さ 1 μm の連続切片を用いて立体再構築したモデル．図中のバーは 150 μm を示す．

強調してわかりやすく示したりすることができるように，様々な表現のモードがある．たとえば，自由な色づけによる何種類かの構造の識別，影づけによる断面構造の立体的な強調などが簡単にできるので，そのセンスしだいでは芸術作品のように感動的な立体構造を容易に作製することが可能である（図 4.4）．しかも，見事にできあがった立体モデルの内部構造を自由な角度の断面で詳細に観察したり（図 4.5），厚い板状にカットして見たい構造をよりわかりやすく示したりすることもできる．

4.3.2 立体モデルのバーチャルな微小解剖

このボリュームレンダリング法で特筆すべきことは，できあがった胚や組織の立体モデルをコンピュータ上で自由自在に微小解剖することができるという点である．この方法は，光学顕微鏡や電子顕微鏡ではけっして真似のできない技である．ボリュームレンダリング法で作製された立体モデルには連続切片の写真のすべてのデータが含まれているので，このような作業が可能になる．たとえば，立体構築した胚の内部の構造をさらに詳しく見たい場合には，その周囲の邪魔な部分を削除して目的の構造を顕にしたり（図4.6），場合によっては，見たい構造そのものだけを取り出したりして観察することも可能である（図4.7）．実物の標本でこのような作業を容易に行うことは，どのように高価な装置を用いたとしても不可能である．ところが，この方法ではそれがいとも簡単に机上の作業だけでできてしまう．この点が，コンピュータのなせる技のすばらしさである．

4.3.3 様々なモードによる立体モデルの表現法

ボリュームレンダリングのソフトには，作製された立体モデルを様々な方法や色づけで表現する機能がある．その機能を工夫することにより，立体モデルの中の構造をよりわかりやすく示すことができる．たとえば，特定の細胞をマーク（Image Jなどを用いて，連続写真中の特定の細胞だけを塗りつぶす）して区別することにより，組織中におけるそれらの細胞の立体的な分布をわかりやすく示すことができる（図4.8）．また，周辺の構造を透かして内部に存在する構造を浮き上がらせるようにして，それらの分布などを示すことも可能である．工夫しだいでは，その表現方法は無限にある．

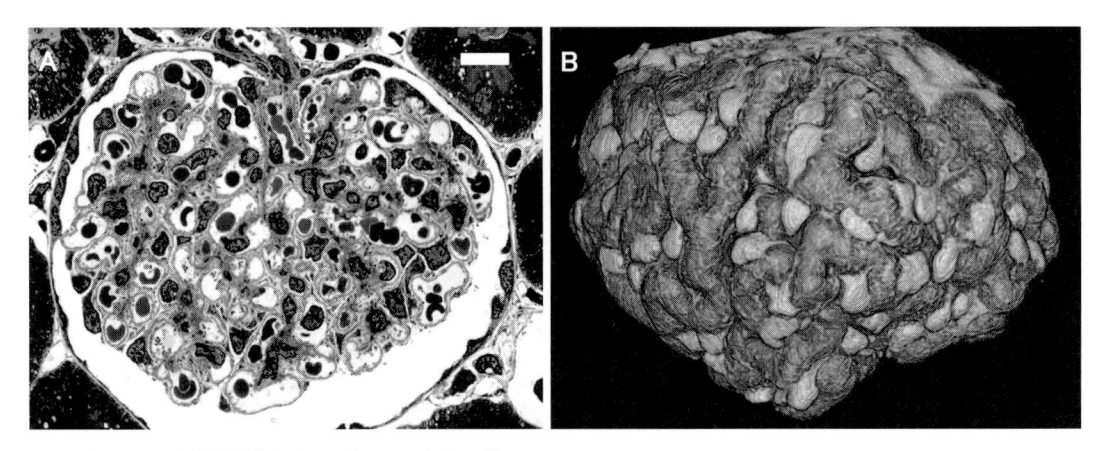

図4.6　立体再構築したモデルのトリミング
立体再構築したモデルの内部の構造を見るために，邪魔になる部分を取り除いて目的の構造だけを示すことができる．ここでは，マウス腎臓の糸球体の立体構造を示すために，その周囲に存在する尿細管やボウマン嚢をトリミングしたものを示してある．Aは糸球体のエポン切片を示す．Bは周囲の構造を取り除いた糸球体の立体モデルを示す．その結果，糸球体を構成する毛細血管とその周囲を取りまく足細胞（白く見える細胞）がよくわかる．エポン樹脂包埋した厚さ1μmの連続切片を用いて立体構築したモデル．図中のバーは20μmを示す．

4.3 ボリュームレンダリング法で作製された立体モデルの観察モード

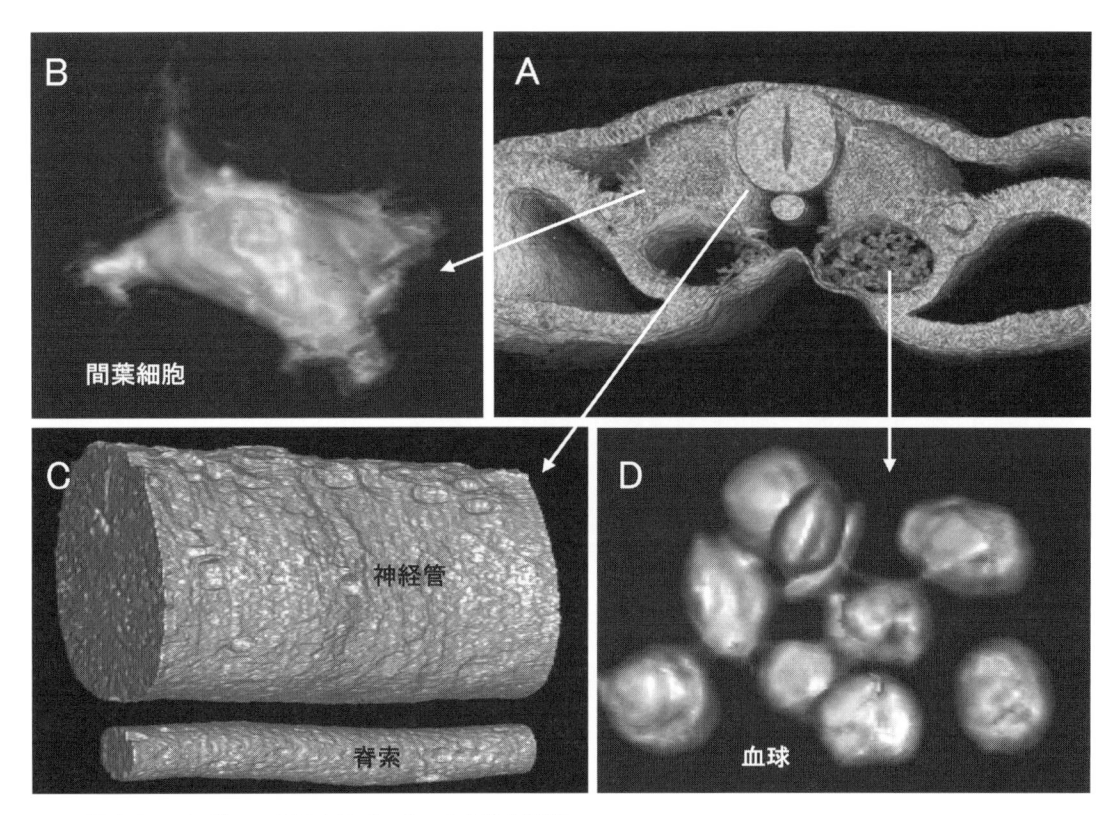

図 4.7　コンピュータによるバーチャルな微小解剖
立体再構築したモデルの任意の構造を取り出して表示することもできる．ここでは，その一例として，ニワトリ神経胚の間葉細胞，神経管，脊索，血球などの構造を取り出して，それらの全体をわかりやすく示している．A はニワトリ神経胚の横横断を示す．B, C, D は，それぞれ，胚から取り出した間葉細胞，神経管と脊索，血球を示す．エポン樹脂包埋した厚さ 1 μm の連続切片を用いて立体再構築したモデル．

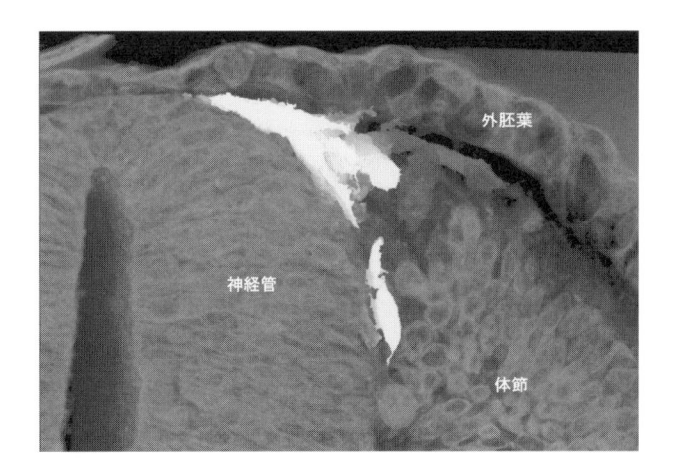

図 4.8　特定の細胞の分布を立体的に表示
特定の細胞を色づけして他の細胞と区別することにより，それらの立体的な分布を明瞭に示すことができる．ここでは，ニワトリ神経胚の神経堤細胞を白く示して他の細胞と区別することにより，神経堤細胞が神経管の背側部から体節の背側と内側部に分かれて移動する様子を示してある．エポン樹脂包埋した厚さ 1 μm の連続切片を用いて立体構築したモデル．

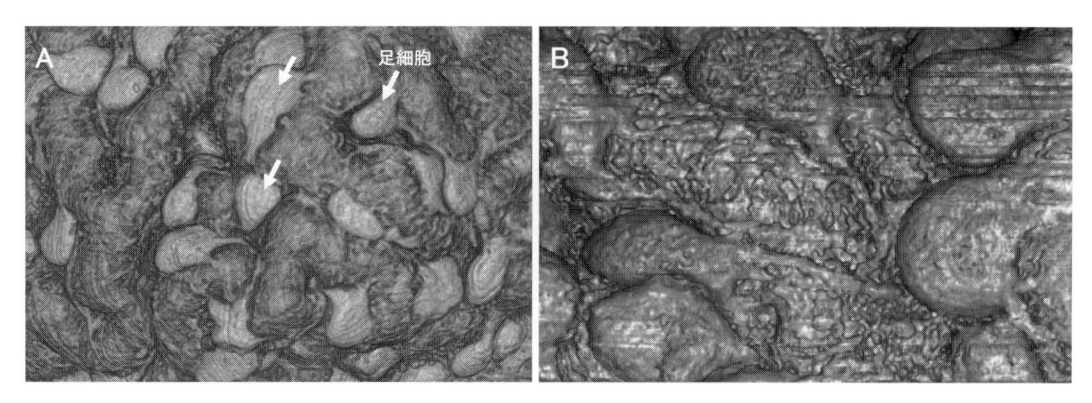

図 4.9　厚さ 0.3 μm の連続切片を用いた高精細な立体モデル
A はエポン樹脂包埋した厚さ 1 μm の連続切片を用いて作製された糸球体の立体モデルの拡大写真．足細胞が毛細血管の周囲に巻きついているのがよくわかる．B は厚さ 0.3 μm の連続切片と，100 倍の油浸対物レンズ，1,200 万画素のデジタルカメラで撮影した写真をもとに立体再構築された高精細な糸球体の立体モデル．毛細血管に巻きついている足細胞の突起の詳細が確認できる．残念ながら，足細胞の 3 次突起から伸びるさらに細い突起（直径約 0.2 μm）はトルイジンブルーによる染色性が悪いために，走査型電子顕微鏡で観察されるようなきれいな像にはならない．

4.3.4　高精細な立体モデルの作製

　より高精細な立体モデルを作製するためには，簡単にいえば，切片を薄くして写真を高解像度にすることである．しかしながら，上述したようにそれにも限界がある．我々がそれらの限界を確認したところでは，厚さ 0.3 μm のエポン樹脂切片を作製し，100 倍の油浸レンズ（PlanApo レンズ）を用いて，1,200 万画素の分解能による写真撮影を行った結果，顕微鏡の分解能の限界とされている 0.2 μm の構造まで立体化することが可能であった（図 4.9）．ここまで達すると走査型電子顕微鏡の像に迫るものがある．

4.3.5　他の方法との組合せ

　この方法と他の顕微鏡観察の方法とを組み合わせた新たな観察方法も考えられる．たとえば，蛍光標識した特定の細胞が組織内でどのような分布をしているか，その詳細な位置関係を立体モデルで示すことが可能である．まず，組織中に分布する蛍光標識した細胞の立体的な分布を，多光子レーザー顕微鏡により連続撮影し，その連続写真から蛍光標識された細胞の立体分布モデルを作製する．次に，その標本を連続切片にして組織の立体モデルを作製する．そして，両者の立体モデルを融合させることにより，蛍光標識した細胞が組織中のどこに位置するか，その詳細な分布を明らかにすることも可能である．

◆　4.4　ま　と　め　◆

　ここで紹介した方法は，フリーのソフトを利用することにより，誰もが簡便に高精細な胚や組織の立体モデルを作製することができる最新の方法である．最近の傾向として，生物の構造を詳細な立体像として観察したいという要求は強く，その試みは多くの研究分野で行われている．そ

4.4 ま と め

れらの中で中心的な技術は，今回紹介したボリュームレンダリング法による立体再構築である．現在，この方法には様々な工夫が試みられている．その1つが，生物の連続切片写真をいかにして容易に短時間で得るかという技術である．たとえば，蛍光物質で全体的に染色した胚を樹脂に包埋し，その標本を一定の厚さで削り落としながら表出した胚の断面を蛍光顕微鏡で連続的に撮影する Ewald ら[8] の方法がある．この方法では，標本を一定の厚さで削り落としながら写真撮影する作業をコンピュータ制御により自動化して，胚や組織の連続写真を短時間に自動的に取得することを可能にした．残念ながら，この方法では高価で特殊な装置を組み上げる必要があるために誰もが使える技術ではないことと，撮影された像が蛍光像であるために，作製された立体モデルの分解能が今回の方法と比べてはるかに劣っている．もう1つの例は，SPIM（selective plane illumination microscope）と呼ばれる特殊な顕微鏡で標本を連続撮影した Huisken ら[9] の方法である．この方法では，透明な胚を薄い平板状に照明することにより，切片を観察したような像を撮影し，その連続写真をもとに生きた状態の小動物や胚などを立体イメージとして再構築する方法である．しかしながら，この場合も特殊な装置を必要とする上に，撮影できる標本が小型で透き通っている必要がある．しかも，できあがった立体モデルの分解能は今回のものとは比較にならないほど劣っている．この方法の優れたところは，生きたままの胚を短時間に立体再構築できるという技術である．

以上に紹介した2つの例は高価で特殊な装置を必要とするために，現実的には，誰でもが利用できる方法ではない．しかも，それらの方法上の限界から，高精細な立体モデルの作製は困難である．たとえ，それらの方法がさらに改良され，高精細な立体モデルを短時間に作製できる装置が市販されたとしても，経済的な理由で一般的に利用することができなければ，教育や研究上の価値は低いといわざるをえない．その点では，今回の方法は，誰もがいつでも簡単に高精細な立体モデルを作製できる方法として，生命科学関係の教材作成や研究などにすぐにでも活用できるので，その価値は非常に高いと考えられる．ただし，この方法では費用がかからない分だけ，知恵と努力が少々必要である．

我々の前には教育用や研究用として，立体再構築されることを待っている胚や組織の数が無限に存在する．また，大学の研究室には過去に作製された胚や組織の連続切片が数多く死蔵されていると思われるので，今回の方法を用いれば，それらの標本に新たな価値を与えて教育用の教材として復活させることも可能である．しかしながら，1人の研究者が一生をかけてそのような作業を行っても，作製される立体モデルの数は知れている．また，現状では，たとえ数多くの立体モデルが個人的に作製されても，そのデータが次の世代へと引き継がれることなく失われてしまう可能性も大きい．

そのような状況を変えるには，世界中の教育者や研究者が作製した胚や組織の立体モデルをもち寄って，それらを共用できる世界的な規模のデータベースを構築するという方法がある．そして，そのデータベースからダウンロードした立体モデルを共通のビューアーで誰もが自由に観察できるようにすることである．しかも，そのデータベースを常に更新しながら次の世代へと引き継いでいけば，生物の立体モデルのデータの蓄積はやがて膨大なものになり，そのシステムは生命科学の教育や研究にはかりしれない貢献をもたらすものになるであろう．今回の立体モデルの技

術の紹介がそのような流れに少しでも貢献できれば幸いである．

　本文中で紹介したフリーのボリュームレンダリングソフトのRealia（サイバネット社）はWindows用のソフトとして貴重な存在であったが，残念ながら，2013年の2月に無料のダウンロードサービスが終了された．現在，その商業版であるRealia Professionalが同社からアカデミック価格で販売されているので，それが利用可能である．Windows版とMac版ともに，フリーのボリュームレンダリングソフトは，医用画像ソフトの専門サイト（I DO IMAGING, http://www.idoimaging.com/）で数多く紹介されてはいるが，それらのほとんどはDICOMファイル（医用画像専用のフォーマット）対応で，JPEGやBMPなどの一般の画像ファイルを扱うことはできない．しかしながら，Mac専用のフリーのボリュームレンダリングソフトであるOsirixは，DICOMファイルだけでなくJPEGファイルも扱えるので，このソフトを利用すれば顕微鏡の連続写真から立体モデルを再構築することが可能である．

文　献

1) http://rsbweb.nih.gov/ij/
2) http://synapses.clm.utexas.edu/tools/index.stm
3) http://synapses.clm.utexas.edu/about.asp
4) http://home.snafu.de/hg/
5) http://cic.nist.gov/vrml/cosmoplayer.html#AUTOMATIC
6) http://www.cybernet.co.jp/medical-imaging/products/realia/
7) http://www.osirix-viewer.com/
8) Ewald A. J., Mcbride H., Reddington M., Fraser S. E., Kerschmann R.：Surface imaging microscopy, an automated method for visualizing whole embryos samples in three dimensions at high resolution, *Develop. Dynamics*, **225**, 369-375, 2002.
9) Huisken J., Swoger J. Bene F. D., Wittbrodt J., Stelzer E. H. K.：Optical sectioning deep inside live embryos by selective plane illumination microscopy, *Science*, **305**, 1007-1009, 2004.

5 電子線トモグラフィー法

[光岡 薫・峰雪芳宣・臼倉治郎]

I. 電子線トモグラフィーの原理と表示

5章第 I 部では電子線トモグラフィーの原理と基礎について解説する．また，電子線トモグラフィーを用いた研究例のいくつかを紹介する．

◆ 5.1 電子線トモグラフィーの原理 ◆

透過型電子顕微鏡を用いて，比較的薄い（電子が透過する）試料を観察すると，観察している物質に対応したコントラストが形成される[1]．そのコントラスト形成の原理については，ここでは述べないが，一般的に像として観測される電子線量は，重原子の密度（負染色の場合）や静電ポテンシャル（クライオの場合）などを，電子線を照射した方向に積分した投影像に，コントラスト伝達関数（CTF）が影響したものになっている．

ここで，上記のような試料を用いることで投影像と考えられる電子顕微鏡像が得られたとして，次に，それから内部構造を得ることを考える．そのような，投影像から内部構造を再構成する方法をトモグラフィーと呼んでいる．X 線を用いて，その撮影像からコンピュータにより内部構造を再構成することをコンピュータトモグラフィー（CT）と一般に呼んでいるが，電子顕微鏡像を用いるのが電子線トモグラフィーである[2]．

電子線トモグラフィーでは，通常，試料を電子顕微鏡の内部で傾けることにより，いろいろな方向からの投影像を撮影する．しかし，電子顕微鏡の場合には，投影像が得られるのが薄い試料に限られるので，試料面と平行方向からの投影像を得ることができない．そのため，ある軸で試料を傾けていくと，その投影像が得られない方向に対応して，3次元的に情報が得られない領域ができる．この領域を，逆空間で情報が得られない領域の形状から，ミッシングウェッジ (missing wedge) と呼んでいる．このような情報が得られない領域を減らすため，2軸傾斜もよく行われるが，その場合には特殊な試料ホルダーが必要となる．

電子顕微鏡で得られる投影像のフーリエ変換は，逆空間では投影方向に垂直な断面の情報となる．これを中央断面定理と呼ぶ．このように逆空間で考えると，3次元再構成（3D再構築）とは，得られた断面情報からその間を補間して3次元情報とする作業ということになる．逆空間を考えた方が補間という考えやすい数学を用いることができるので，以下，分解能などを考える際には逆空間を用いて考える．

しかし実際，計算機の中で行うアルゴリズムとしては，実空間を用いるものがトモグラフィーで利用されることが多い．この実空間での投影像からの3次元再構成法は逆投影法と呼ばれてい

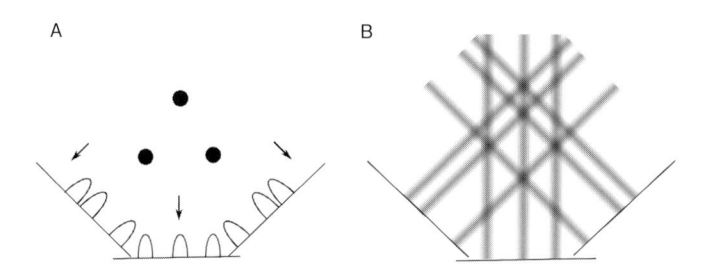

図 5.1 逆投影法の概念図
A に直線上に投影像の密度を線で示した．その密度を逆投影したものを重ねた再構成像を B に示す．

る．この原理を 2 次元で表したものを図 5.1 に示した．左パネルに 3 つの円からの 3 方向への投影像を模式的に示し，その投影像から逆投影した 2 次元上の密度を重ね合わせたものを右パネルとした．このように，投影像を 3 次元（この例では 2 次元）に逆に投影して重ね合わせることで，元の構造を得ることができる．実際の円がある領域が濃くなっており，投影方向を増やせば円があるところ以外は打ち消しあって密度が薄くなり，円があるところのみに密度が集まることが想像できると思う．

しかしまた，いくら多くの逆投影を重ねても円の部分が元の円と同じにはならず，回りにしみだしが残ることも予想できると思う．このしみだしの形状は，投影方向の数と向きがすべてわかっていれば決めることができ，そのしみだしを数学的に補正できることが明らかになっている．この補正した 3 次元再構成法が重み付き逆投影法と呼ばれる．これにより，投影像の数から実現できる分解能ではほぼ元の像と一致する再構成像が得られるが，上に述べたミッシングウェッジなどからの効果は除去することはできない．

そこで，そのようなミッシングウェッジなどからの効果を既知の情報を用いてなるべく除去する方法として，代数的再構成法（ART）やその変法（SIRT など）がよく用いられる[2]．これらの方法では，重み付き再構成などで得られた再構成像をもとに，その再構成像に既知の構造情報を当てはめて修正し，その後投影像と合うようにその再構成像を変更するという手順を繰り返すことでより実際に近い再構成像を得る．しかし，この方法により再構成像にアーティファクトをもち込む可能性があるので，使用には注意が必要である．

以上のように計算させる再構成像について，その分解能はどのように決定できるかを逆空間を用いて次に考える（図 5.2）．まず，単純に再構成の幾何のみを考えればよいのであれば，逆空間で欲しい分解能 $1/d$ 上の円周を，再構成する空間の大きさ $1/D$ でサンプリングできていればよいので，必要な投影像の枚数 N は，

$$N = \frac{\pi D}{d}$$

となる．この式から，試料が厚くなると同じ分解能の再構成像を得るのに必要な投影像の枚数が増えることに注意が必要である．また，電子顕微鏡の場合には，一般には薄い試料を用いて広い領域を再構成することが多い．この場合には，等間隔に傾けて投影像を撮影するより，試料の厚

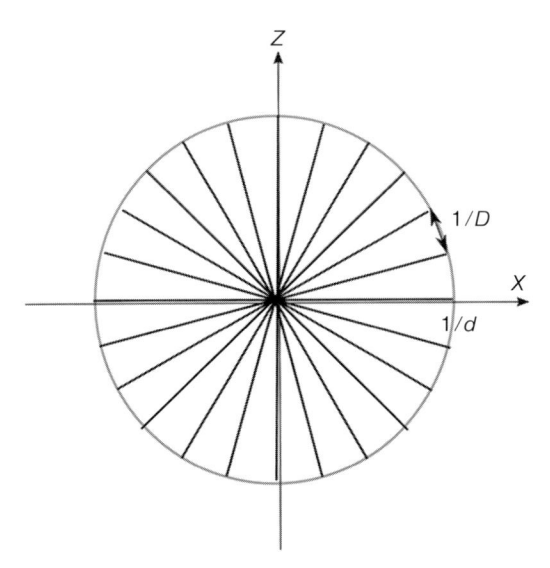

図 5.2 逆空間でのサンプリング
分解能を d, 再構成する空間の大きさを D とすると, $1/d$ の半円を $1/D$ でサンプリングするのに必要な投影像の枚数 N は $N=\pi D/d$ となる.

さを L, 傾斜角を θ として

$$\Delta\theta = \frac{180°}{\pi}\frac{2}{L}\cos\theta$$

という間隔 $\Delta\theta$ の方がよいと Saxton により提案されている[3].

実際には, ミッシングウェッジなどの影響で, 幾何的な考察で決まる分解能より低い分解能しか得られない. そこで, 実際の再構成像からその分解能を評価する手法が求められており, たとえば再構成像からの再投影像と, 撮影された投影像を比較して評価する方法などが提案されている[4]. しかし, 現状はまだ電子線トモグラフィー一般に広く利用されている分解能の評価法は存在しない状況である.

最後に, 試料損傷に関して議論したい. 生体高分子の観察で実質的に分解能を決定しているのは, 電子線照射による試料損傷である. プラスチック切片においては, 試料損傷は質量損失の形で起こり, 切片が薄くなっていく. $9,000\,\mathrm{e^-/nm^2}$ の電子線照射により, 厚さが 70% になるといわれている[5]. また, クライオ切片の場合には, 生体高分子の微細構造を維持できる電子線量の目安として, $5,000\,\mathrm{e^-/nm}$ が用いられることが多い[6].

◆ 5.2 電子線トモグラフィーの表示形式 ◆

ここでは, 電子線トモグラフィーの具体的な手順とその解釈法について見ていきたい. まず, 最初のステップは傾斜像シリーズの撮影である. 現在, ここは多くの場合自動化されており, そのためのソフトウェアが利用できる. これにより, 初心者にもトモグラフィーが行いやすい環境

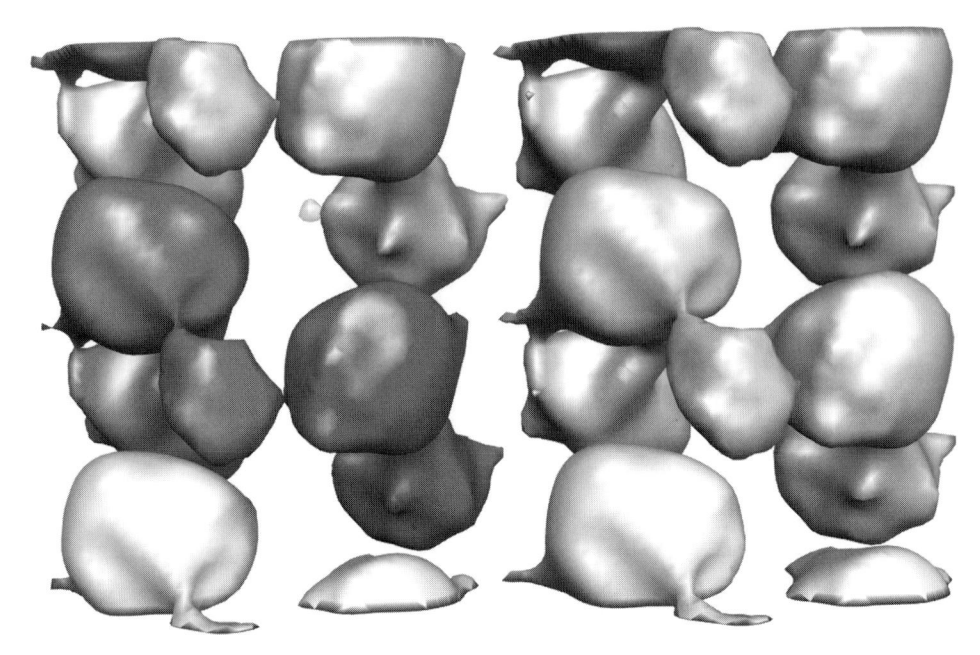

図5.3　3次元再構成像のセグメンテーションの例
好熱菌由来のV-ATPアーゼの2次元結晶の3次元再構成像で，左中央のV-ATPアーゼ複合体2つを色を変えて表示した．

が整っている．実際には，多くのパラメータの最適化が必要ではあるが，とりあえず3次元再構成像を得ることができる．

　このようにして得られた傾斜像シリーズの位置や方向を合わせて，3次元再構成像を得るソフトウェアとしてはIMODがよく用いられる[7]．傾斜像シリーズの位置合わせには，金コロイドなどの位置マーカーを用いると精度がよくなる．位置マーカーがなくても3次元再構成像を得ることができる場合は多いが，位置合わせの精度が3次元再構成像の質に大きく影響するので，精度のよい位置合わせを行うことが重要である．

　このようにして，傾斜像シリーズの位置合わせができると，そのデータから原理で述べた方法を用いて3次元再構成を行うことができる．得られた3次元再構成像の3次元表示には，UCSF chimera[8]やamiraのような，3次元表示を主な目的としたソフトウェアを用いることが多い．また，表示などのためにフィルターによるノイズの軽減が行われる場合もある[9]．

　3次元再構成像が得られると，その解釈のため，多くの場合にセグメンテーションと呼ばれる興味の対象となる領域の抽出が必要となる．そのため，ある閾値を決めてそれ以上の領域を取り出すなど，いろいろな方法を用いる．最も自由度が高い方法は手作業による方法だが，時間がかかることが多い．図5.3に，我々が計算した，膜蛋白質複合体（V-ATPアーゼ）の2次元結晶からの3次元再構成像において，複合体を取り出し色を変えて表示した例を示す．この程度であれば，手作業で行う方が効率がよい．しかし一般には，他の部分の自動化が進んでいる現状では，このセグメンテーションの部分が，電子線トモグラフィーで最も時間がかかるステップの1つとなっている．

文　献

1) 岩崎憲治，光岡　薫，安永卓生：タンパク質の電子顕微鏡観察．（長谷俊治，高木淳一，高尾敏文編）「タンパク質をみる―構造と挙動（やさしい原理からはいるタンパク質科学実験法）」，pp. 197-226，化学同人，2009
2) Frank J. ed.：Electron tomography. Springer, 2005
3) Saxton W. O., Baumeister W., Hahn M.：Three-dimensional reconstruction of imperfect two-dimensoinal crystals. *Ultramicroscopy*, **13**, 57-70, 1984
4) Unser M., Sorzano C. O., Thevenaz P., Jonic S., El-Bez C., De Carlo S., Conway J. F., Trus B. L.：Spectral signal-to-noise ratio and resolution assessment of 3D reconstructions. *J. Struct. Biol.*, **149**, 243-255, 2005
5) Luther P. I., Lawrence M. C., Crowther R. A.：A method for monitoring the collapse of plastic sections as a function of electron dose. *Ultramicroscopy*, **24**, 7-18, 1988
6) Wagenknecht T., Hsieh C. E., Rath B. K., Fleischer S., Marko M.：Electron tomography of frozen-hydrated isolated triad junctions. *Biophys. J.*, **83**, 2491-2501, 2002
7) Mastronarde D. N.：Dual-axis tomography：an approach with alignment methods that preserve resolution. *J. Struct. Biol.*, **120**, 343-352, 1997 (http://bio3d.colorado.edu/imod/)
8) Pettersen E. F., Goddard T. D., Huang C. C., Couch G. S., Greenblatt D. M., Meng E. C., Ferrin T. E.：UCSF Chimera-a visualization system for exploratory research and analysis. *J. Comput. Chem.*, **25**, 1605-1612, 2004 (http://www.cgl.ucsf.edu/chimera/)
9) Frangakis A., Hegerl R.：Noise reduction in electron tomographic reconstructions using nonlinear anisotropic diffusion. *J. Struct. Biol.*, **135**, 239-205, 2001

Ⅱ．電子線トモグラフィーと植物の細胞枠組み構造

◆ 5.3　電子線トモグラフィーによる植物細胞の 3D 解析 ◆

　植物細胞は細胞の周囲を堅い細胞壁で囲まれているため，細胞の移動が制限されている．この動物細胞にはない植物細胞の特徴が，植物の組織や個体の形づくりを独特のものにしている．動物の形づくりでは，細胞は将棋の駒のように必要ならば特定の場所に移動してはたらく．しかし，植物細胞は囲碁の石のようにいったん置かれる（形成される）と，その位置に留まってはたらく．成長した樹木では大部分の細胞が死んでいるが，死んだ細胞も，樹木を支えたり木の隅々まで水を輸送したりする重要なはたらきをしている．

　コンピュータトモグラフィー（CT）は，物体を 3D 観察する技術である．我々は，マイクロレベルでの CT であるマイクロ CT で細胞の枠組を，ナノレベルの CT である電子線トモグラフィーで細胞の枠組を決めるナノマシン（生命活動を司る主役は蛋白質であるが，実際にはいくつかの蛋白質が機能的に集合した 1 つの機械としてはたらいている．この機械のサイズが数ナノレベルのため，ナノマシンと呼ばれる）の分布と形態を解析し，植物の形づくりの解明に役立てている[1]．

　ここでは，植物の電子線トモグラフィー法の実際と，それを使った植物の細胞構築に関するナノマシンの 3D 解析について解説する．

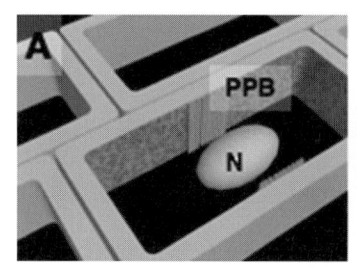

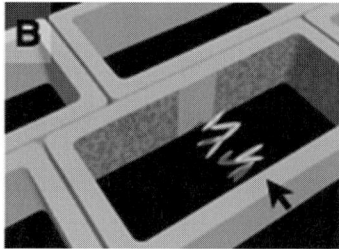

図5.4 植物の細胞分裂面挿入過程
細胞分裂前期に，細胞膜のすぐ内側に分裂準備帯（PPB）が形成される（A）．前中期になると分裂準備帯の微小管は消失するが，その位置にはなんらかの形で記憶が残り（B），分裂の最後で細胞板が分裂準備帯の存在した位置で接合する（C）．A：分裂前期，B：分裂中期，C：分裂終期，N：核，CP：細胞板，矢印：赤道面（中期の染色体が並んでいる平面）．

5.3.1　植物の細胞構築と細胞分裂面挿入予定位置

　植物の細胞の枠組は，細胞分裂で細胞分裂面が親の細胞壁のどこに挿入されたかで決まる．植物細胞では，細胞分裂終期に細胞板と呼ばれる細胞壁のもとになる構造が細胞中央に出現し，遠心的に伸長し親の細胞壁と接続する（図5.4C）．親の細胞壁と接続した細胞板は，最初は柔らかく変形しているが，やがて堅い細胞壁になる．この細胞板が親の細胞壁と接続する位置が決まれば，植物の細胞分裂面の挿入位置が決定する．この位置は，細胞板形成が開始するよりもずっと前，細胞分裂前期後半には決まっている．細胞分裂前期に，この位置の細胞膜直下に，微小管が帯状に配向した分裂準備帯（preprophase band）と呼ばれる構造が出現する（図5.4A PPB）．この分裂準備帯の位置が，将来細胞板が親の細胞壁と接続する位置となる．分裂準備帯の微小管は核膜が崩壊すると同時に消失し，微小管は紡錘体に移行する．分裂中の分裂装置（染色体と紡錘体からなる染色体を2つの娘細胞に分配する装置）を実験的に移動させても，細胞板の端は分裂準備帯の存在していた位置に向かって伸長し，そこで親の細胞壁と接続することから分裂準備帯の存在していた領域にはなんらかの位置情報が残り，細胞板の端はその情報を認識しその位置に向かって伸長すると考えられている[2,3]．

　そのため，植物の細胞の枠組を決める機構を考えるには，どのようにして分裂準備帯の微小管が将来の分裂面挿入位置に並ぶのか，また分裂準備帯消失後，位置情報がどのようにしてその位置に蓄積され細胞板が接続するまで維持されるのかを明らかにする必要がある．微小管以外にも，分裂準備帯の形成と消失過程で出現する様々な分子が存在する．分裂準備帯は，これらの分子と微小管，膜系からなる1つのナノマシンとして，植物の分裂面挿入位置決定と，その位置情報の蓄積にはたらいていると考えられる[2]．以下，タマネギの表皮細胞の分裂準備帯の電子線トモグラフィー解析について説明する．

5.3.2　樹脂包埋植物組織の2軸電子線トモグラフィー

　電子線トモグラフィー法には，大きく2つの方法がある．1つは凍結した試料をそのままあるいは凍結切片を作製して，クライオ電子顕微鏡で観察する方法，もう1つは，樹脂に包埋し切片を作製して電子顕微鏡で観察する方法である．分裂準備帯は，細胞分裂の特定の時期にしか出現

しない構造である．また，分裂準備帯の局在場所は細胞内での位置だけでなく，隣りあう細胞との位置関係も考える必要がある．凍結切片の電子線トモグラフィーでは，目的の場所を見つけるまでに時間がかかり，画像取得の間に試料に損傷が生じやすい．そのため，我々はプラスチック樹脂に包埋した試料を使っている．

5.3.3 試料の調製

電子顕微鏡用の試料作製は様々な手順があり，各段階で人工産物を生じる可能性がある．3Dで定量解析しても，解析した試料がよくないと何を調べているのかわからなくなる．そのため，試料作製の過程は重要である．

一般に，グルタルアルデヒドなどによる化学固定よりも，凍結の方が人工産物が少ない像が得られると考えられている．しかし，植物は細胞壁が存在するため，液体ヘリウムで冷却した金属のブロックの表面に細胞を接着させて急速凍結する方法など，動物細胞でよく使用されている方法では，満足できる凍結結果が得られる範囲が非常に限られる．そこで，厚い植物組織でも凍結可能な加圧（高圧）凍結法を採用している．2,100 bar 以上の高圧下で冷却すると，生体内の氷の成長を抑えることができる．加圧凍結法はこの性質を利用した方法で，厚い組織も凍結可能である[4]．

播種後3日目のタマネギ実生（芽生え）は，幼根が成長した1本の根（一次根）と1枚の子葉をもつ（図5.5A）．この子葉表皮の基部は細胞分裂を盛んに行っている．我々はこの部分の細胞の分裂準備帯を実験材料に使っている．

加圧凍結装置は BAL-TEC 社の HPM010 を使っている．この装置では，ハットと呼ばれる直径3 mm の真鍮（あるいはアルミ）製の容器に試料を入れ，ハットを取り付けた小さい部屋に急速に液体窒素を導入することで，部屋全体の圧力を一瞬上昇させると同時に凍結する仕組みにな

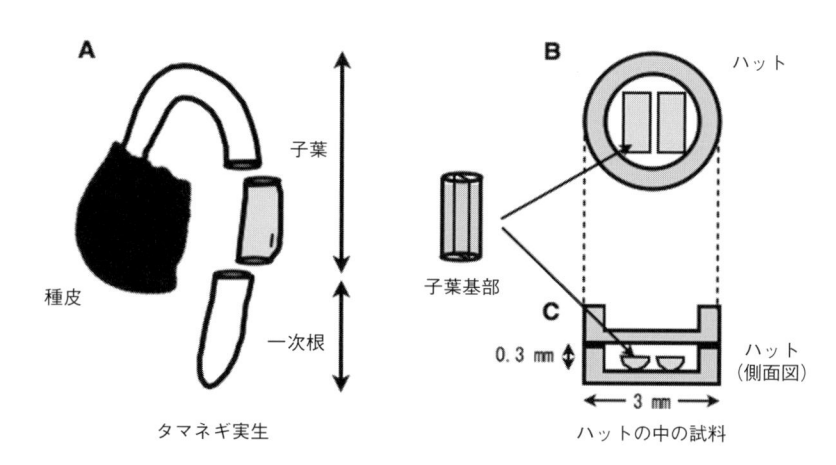

図5.5 タマネギ子葉の加圧凍結用ハットへの挿入
A：播種後3日目のタマネギ実生，B：ハットを上から見た図，C：ハットの中央縦断面図．子葉の基部を切り出し，中央縦断面で2つに分け，ハットに入れる．直径3 mm の真鍮のハットの中に深さ 0.3 mm の溝があり，そこに試料を入れスクロース溶液で満たし，同じ型のハットをその上に重ねてふたをする．

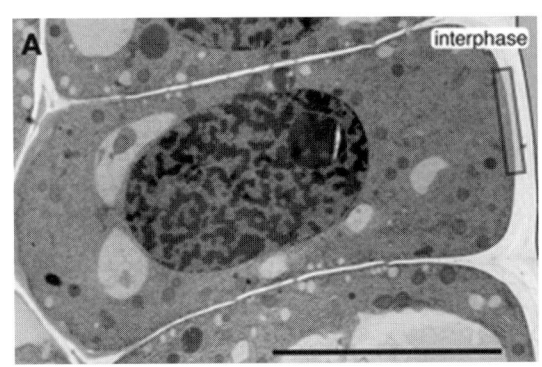

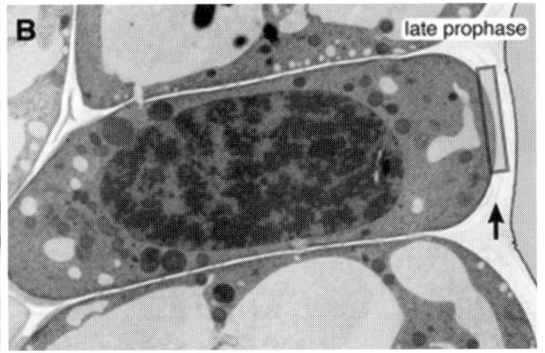

図 5.6 タマネギ子葉表皮細胞の横断面図
加圧凍結，凍結置換後 Spurr 樹脂に包埋した試料の横断切片の電子顕微鏡写真．核の染色体の凝集状態から，A は間期，B は分裂前期の細胞と判定できる．表皮細胞の外界に接している細胞壁（B 矢印）は厚く，外にクチクラ層が存在する．トモグラフィーの切片は，子葉の表面と並行な面（接線面：この図と垂直な方向）の切片で，図中細長い長方形で囲んだ部分である．A の横棒は 10 μm．（文献 12）を一部改変）

っている．タマネギ子葉の基部を，このハットに入る大きさの筒状に切り出し，それを縦に 2 つに切り分けハットに入れ，0.1 M スクロース溶液を満たし 2 個のハットを重ね合わせて，試料が落ちなくする（図 5.5B，C）．スクロース溶液は凍結防止剤の役割をする．我々の方法では，表面から 0.2 mm までの組織をほぼ確実に凍結できる[5]．

液体窒素で凍結した試料は，2％四酸化オスミニウム溶液（溶媒はアセトン）を使って −80 ℃で凍結置換後，徐々に常温に移し Spurr 樹脂に包埋する．植物細胞では，アクチン繊維がうまく保存されなかったり急速に樹脂置換すると細胞壁と細胞膜の間が分離したりするため，凍結置換から樹脂包埋の手順はとくに注意を要する．

図 5.6 に，我々が開発した方法[6]で作製したタマネギ子葉表皮細胞の横断面の低倍率の画像を示している．この図では，核の状態で，それぞれ間期の細胞と分裂前期の細胞であることが判定できる．トモグラフィーに使用する切片は，この画像と直角の方向に切断した 250 nm 厚の切片を使用する．分裂準備帯は，表皮細胞の細胞膜直下の切片に存在する．しかし，図 5.6 と直角な接線面縦方向の細胞表層の切片（図中，細長い長方形で囲んだところ）では，核の状態が判定できない．そこで，まず表皮細胞の核の中央縦断面を含む切片で，核の状態とその回りの分裂準備帯の幅を測定し，細胞の外側へ連続して約 100 枚の切片を作製し，目的の切片を見つけトモグラフィー用に使用する．これにより，トモグラフィーで観察している場所がどの細胞のどの時期のものか正確に判定できる．

5.3.4 画像取得とトモグラム作製

電子線トモグラフィーでは，試料を傾斜して様々な角度で画像を取得する．切片は金属製のメッシュの上に載っているため，電子線が照射される方向と平行に近い方向からの射影は物理的に難しく，実際には 120° 前後の範囲でしか画像を取得できない．我々はこの欠落情報を補うため，1 つの傾斜シリーズの画像を取得したのちもう 1 つ別の傾斜軸で画像取得を行い，これらの画像から構成した 2 つのトモグラム（トモグラフィー法で得た 3D 画像）を合わせて 1 つのトモグラ

ムにする2軸電子線トモグラフィー法を採用している[7].

実際には，観察する250 nm厚の切片はフォルムバール膜を貼ったスロットメッシュの上に載せ，酢酸ウランと鉛で2重染色を行い，予備観察でトモグラム作製したい場所を決定しておく．トモグラム作製時の位置合わせのために，あらかじめ目的の試料が載ったメッシュの両面に金粒子をまぶしておく．加速電圧300 kV以上の電子顕微鏡で，試料を載せたステージを $-60°$ から $+60°$ まで，$1°$ ステップで傾斜画像を取得した後，傾斜を $0°$ に戻して試料を $90°$ 回転し，1回目の回転軸と直角の方向に，再度 $-60°$ から $+60°$ まで回転して画像を取得する．得られた画像はIMODソフトウエア[8]を使ってトモグラムを作製する．

コロラド大学の超高圧電子顕微鏡で撮った画像から作製したトモグラムを図5.7に示している．この画像では1ピクセルが1.42 nm四方になっており，細胞表層 $2.8\,\mu m$ 四方の領域の微小管と膜系を3Dで捉えることができる．1つのトモグラムは，図5.7に示したような1.42 nm厚相当の切片が z 軸方向に100枚以上連続して重なった3D画像として観察できる．このトモグラムから，個々の微小管と小胞の位置を判定し1つのモデルにしたのが図5.8A, Bである．図5.8では便宜上 x-y 平面に投影したモデルを示しているが，コンピュータ上では3Dで観察でき，個々の小胞や微小管から細胞膜までの距離も測定できる．

5.3.5 画像解析：微小管

微小管は直径25 nmの管状の細胞骨格で，真核生物に普遍的に存在し，細胞分裂や運動，形態形成に関与している．微小管を構成するチューブリン分子は，2種の球状のポリペプチド（α, βチューブリン）からなるヘテロダイマーである．チューブリン分子は縦方向に連なりプロトフィラメントと呼ばれる繊維を形成する．このプロトフィラメントが13本集まって管状になったのが微小管である．微小管はダイナミックな構造で，常にその端でチューブリンが重合・脱重合を繰り返している[9]．この微小管の重合，脱重合の様子は，GFPなどで微小管をラベルしライブイメージングで観察できる．しかし，この方法は1本の微小管が区別できる場合に有効であり，成熟した分裂準備帯のように微小管が重なりすぎて蛍光顕微鏡で区別できない場合には難しい．電子線トモグラフィーを使って微小管端の構造で微小管のダイナミクスが判定できれば，分裂準備帯の微小管ダイナミクスも解析可能である．

精製した動物チューブリンの実験から，適当な重合条件だと，微小管端ではプロトフィラメントはまずシート状に集まってから管になることがわかっている（図5.9 extended end）．一方，微小管が脱重合するときは，まず微小管端で個々のプロトフィラメントが離れて，個々に脱重合する．そのため，個々のプロトフィラメントが湾曲する独特の形を示す（図5.9 horned end）．また，微小管が形成開始するときは，γ チューブリンと数種の分子が集まってできたキャップ構造を核として重合を開始する（図5.9 capped end）[9]．我々の行っている方法では，分裂準備帯の1つのトモグラムに40〜80個の微小管端が検出できる．それらの画像は，モデルで予想したような形状をしている（図5.9右図）．そのため，個々のトモグラムで微小管の重合・脱重合に特徴的な微小管端の出現頻度を比較することで，微小管のダイナミクスの解析が可能である．また，微小管に付随する架橋構造やアクチン繊維についても定量的解析も可能で，現在，微小管の

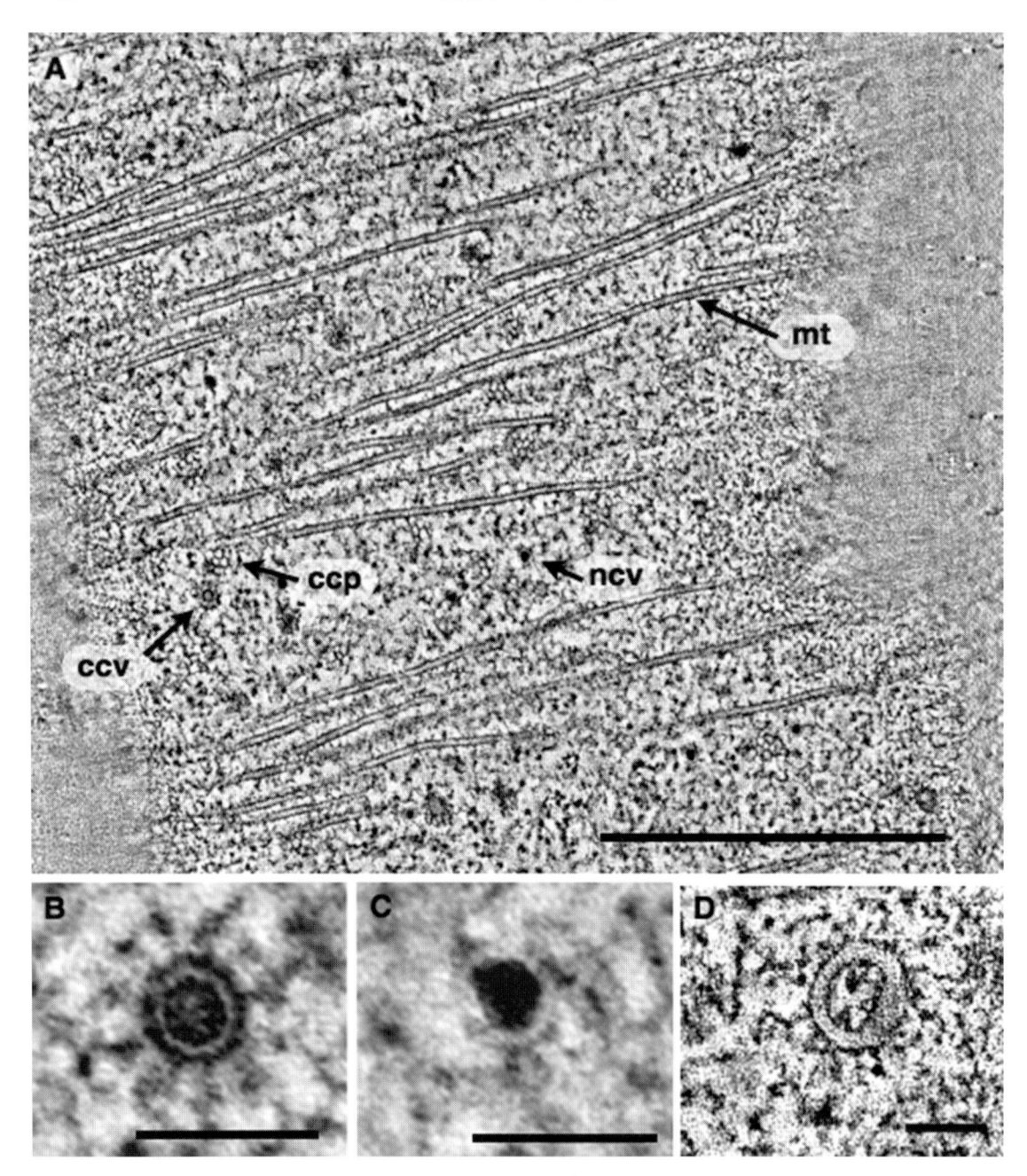

図 5.7　タマネギ子葉表皮の分裂準備帯の接線面のトモグラフィー像
A：トモグラムから抽出した x-y 面の切片像．B：クラスリン被覆小胞の中央断面．C：無被覆小胞の中央断面．D：馬蹄形の細胞膜の貫入．作製したトモグラムは A のような 1.42 nm 厚のスライスが z 軸方向に 100 枚以上重なったものである．mt：微小管，ccp：クラスリン被覆ピット，ccv：クラスリン被覆小胞，ncv：無被覆の小胞．A の横棒は 1 μm，B，C，D の横棒は 100 nm．（文献 12）を一部改変）

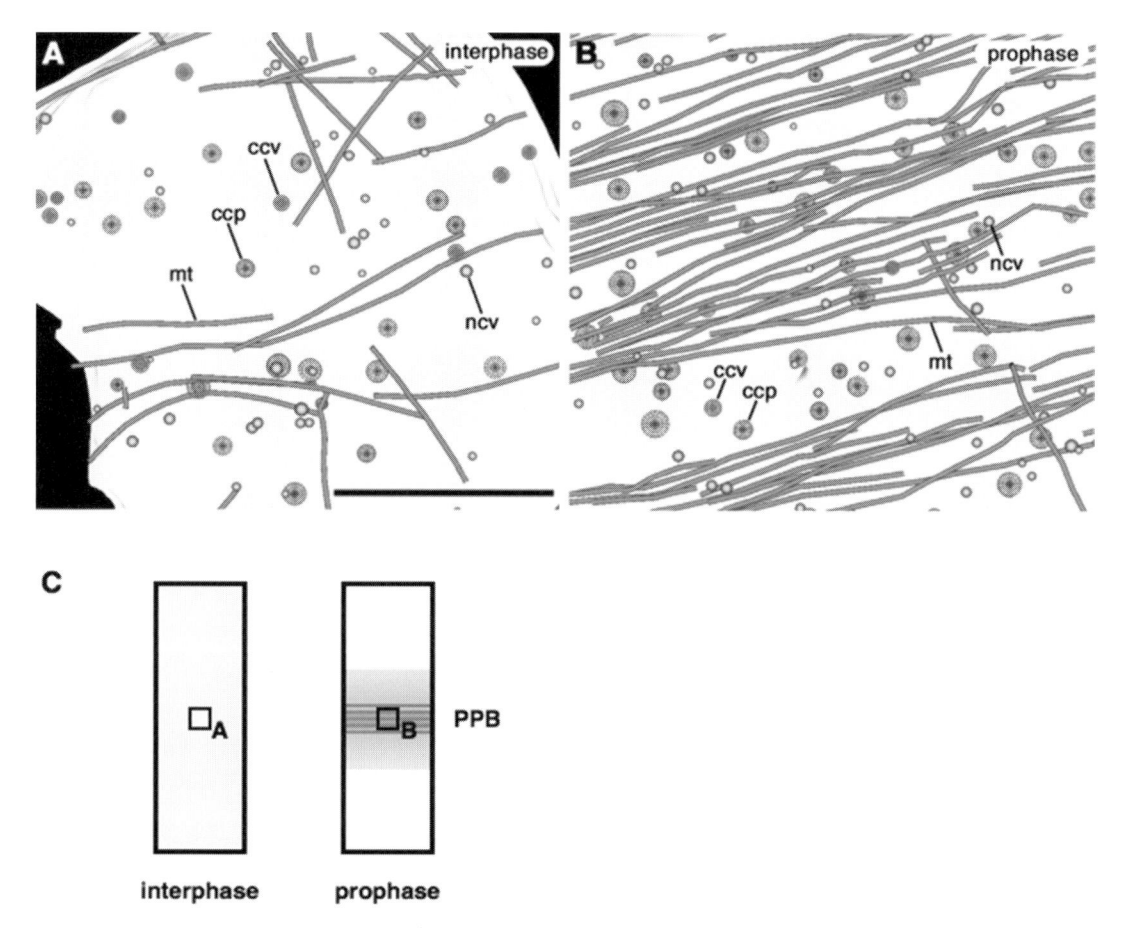

図5.8 微小管と小胞の分布のモデル（口絵4参照）
間期の核が存在する領域の細胞表層（A）と分裂前期の分裂準備帯（B）のトモグラムから作製した微小管，各種小胞の分布．Cは様々な場所のトモグラムの定量解析から得られた結果をもとに，クラスリン被覆小胞・ピットの出現頻度を間期（interphase）と前期（prophase）とで模式的に示した図．外側の四角の黒枠は細胞を，細胞内の色を塗った部分は，その濃さでクラスリン被覆小胞・ピットの出現頻度を示している．色の濃い方が出現頻度が高い．A, Bはそれぞれ図Cの細胞内に四角で囲んだ領域A, Bのトモグラムである．mt：微小管，ccp：クラスリン被覆ピット，ccv：クラスリン覆小胞，ncv：無被覆の小胞，PPB：分裂準備帯．横棒は1 μm．（文献12）を一部改変）

ダイナミクスとアクチンの関係についての研究が進行中である．

5.3.6 画像解析：膜システム

　細胞膜を介した物質の出入りは，しばしば小胞を介して行われる．小胞を介して物質を細胞外へ放出する過程をエキソサイトーシス，逆に物質を外から内に取り込む過程をエンドサイトーシスと呼ぶ．前者ではゴルジ装置を介した過程が，後者ではクラスリン分子が集まって5角形と6角形の格子からなる構造を作り，被覆小胞として回収する過程がよく知られている[10]．我々が研究を開始するまでは，分裂準備帯の位置情報はゴルジ装置を介してエキソサイトーシスで行われていると考えられていた[11]．しかし，加圧凍結でクラスリン被覆小胞や被覆ピットがたくさん見つかったことから，エンドサイトーシスの役割も検証する必要が出てきた．

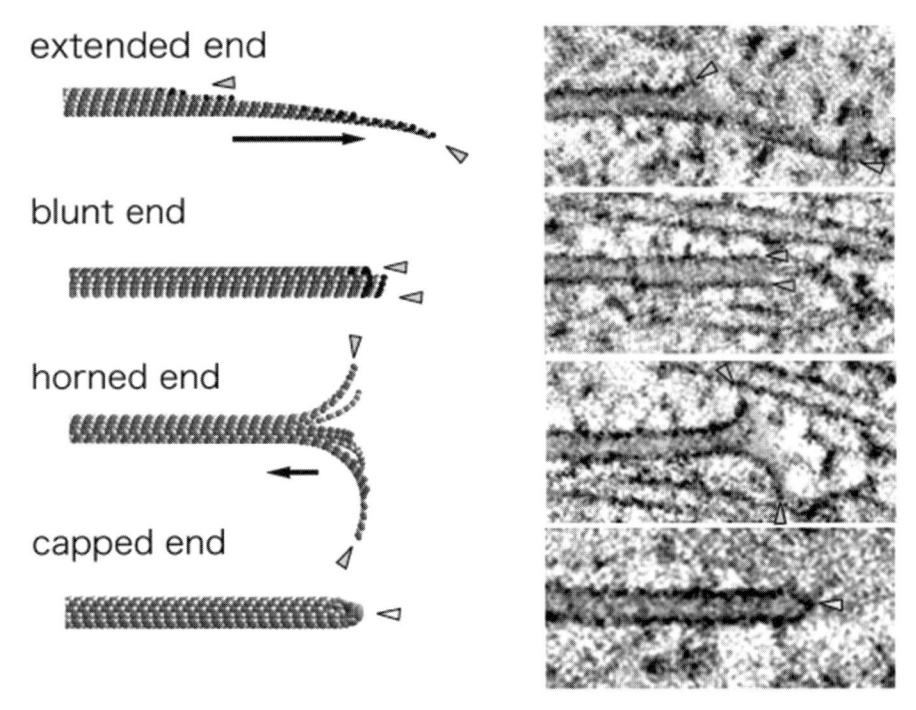

図 5.9　微小管端の構造のモデルとタマネギ子葉表皮の微小管端のトモグラフィー画像（口絵 5 参照）
右の画像はトモグラムから抽出した微小管端の中央縦断面像．左のモデルは，右の像に相当すると思われる微小管端のモデル．微小管の直径は約 25 nm．extended end：微小管端が重合しているときに見られる構造，blunt end：微小管が重合しているときあるいは伸長を停止しているときに見られる構造，horned end：微小管が脱重合しているときに見られる構造，capped end：微小管が形成開始するときにマイナス端に見られる構造．端のキャップ構造は，γチューブリン・リング複合体．

　電子線トモグラフィー法でタマネギ子葉表皮の小胞の形態を詳しく調べると，2種の小胞が存在することがわかった．1つはクラスリン被覆小胞（図 5.7A ccv，B）で，その前駆体と思われる被覆ピット（図 5.7A ccp）も明確に区別できた．また，被覆していない小胞（図 5.7A ncv，C）も多数見つかった．これらの小胞の細胞膜からの距離を測定した結果，無被覆小胞の方が被覆小胞より細胞の内側に偏って分布することがわかった．また，数は少ないがこの2つの型の小胞の中間型も存在することから，無被覆小胞はゴルジ装置由来のエクソサイトーシスに関与する小胞ではなく，クラスリン被覆小胞の被覆がはずれた，クラスリン被覆小胞由来の小胞と考えている[12]．

　1つのトモグラムに各小胞は少なくとも数十個は存在する（図 5.8）ので，実際に細胞の様々な時期と場所で，その小胞の出現頻度を比較した．その結果，分裂準備帯の形成されていない間期と成熟した分裂準備帯が存在する前期後半では，後者の方がクラスリン被覆小胞の出現頻度が高いこと，また同じ前期の細胞でも，分裂準備帯から離れた細胞表層では，被覆小胞の出現頻度が極端に低下することがわかった（図 5.8C）．これらのことから，成熟した分裂準備帯では，クラスリン依存のエンドサイトーシスが活発になっていると考えられる[12]．

　植物のエキソサイトーシスでは，小胞は細胞膜に接すると細胞壁からの力で変形し，馬蹄形の

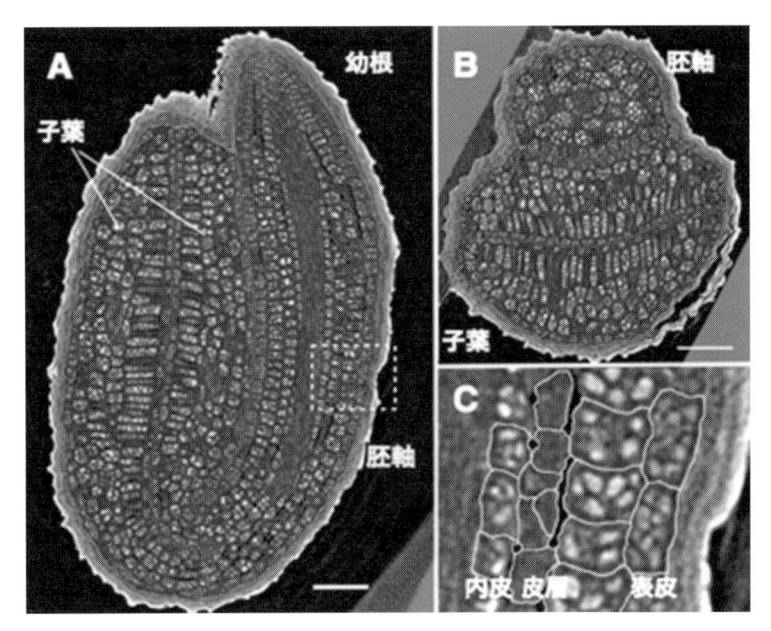

図 5.10 シロイヌナズナ種子の細胞枠組の解析
大型放射光施設 SPring-8B の BL20XU のマイクロ CT を使って作製したトモグラフィー像．1 ピクセル 0.5 μm．A：種子の中央縦断面．左側に 2 枚の子葉が，右上に幼根が存在する．B：A の点線の区画近傍の横断面．C：A の点線区画で囲った領域（胚軸）の拡大図．細胞の輪郭を白線で示している．白線で囲った細胞列は，右から表皮，皮層第 1 層，皮層第 2 層，内皮である．A, B の横棒は 50 μm．SPring-8 一般課題 2010B1473, 2011A1414 で山内大輔，玉置大介（兵庫県立大学），唐原一郎（富山大学），鈴木芳生，竹内晃久，上杉健太朗（JASRI）との共同研究．

細胞膜の貫入を生じる（図 5.7D）[13]．この構造の出現頻度にはあまり差が見られなかった．分裂準備帯が成熟すると，この領域のアクチン繊維も消失し，細胞表層にアクチン排除域が完成する[14]．アクチン排除域は，微小管消失後も保たれることから，分裂面挿入位置のネガティブメモリと考えられている[3]．分裂準備帯では，細胞表層に存在していたアクチンを重合させる因子をエンドサイトーシスで回収することで，アクチン排除域形成に関与している可能性が考えられる[15]．

5.3.7 今後の展望

加圧凍結した組織を使った電子線トモグラフィー法が植物の形づくりに関与するナノマシンの研究に有用なことをここに示した．今後は，3D で見えた構造のどの部分にどの分子が存在するのか，遺伝学や免疫電子顕微鏡法などとの併用による解析が期待できる．また，よりマクロな細胞の枠組の 3D 解析では，放射光施設を使ったマイクロ CT が使えそうなところまできている（図 5.10）．今後は，ミクロレベルとナノレベルの 3D 観察を橋渡しする技術の進展を期待したい．

文献

1) http://www.sci.u-hyogo.ac.jp/life/biosynth/ index-j.html
2) Mineyuki Y.: The preprophase band of microtubules: Its function as a cytokinetic apparatus in higher plants. *Inter. Rev. Cytology*, **187**, 1-49, 1999
3) 峰雪芳宣：プレプロフェーズバンドによる分裂面の制御（町田泰則，福田裕穂編）「植物細胞の分裂─分裂装置とその制御機構」，細胞工学別冊　植物細胞工学シリーズ13, pp. 83-91, 秀潤社, 2000
4) 村田長芳，菅沼龍夫，峰雪芳宣：固定法 3. 高圧凍結. 電子顕微鏡, **35**, 109-110, 2000
5) 峰雪芳宣，唐原一郎，村田　隆, M. Otegui, T. H. Giddings, L. A. Staehelin：植物組織の高圧（加圧）凍結. 電子顕微鏡, **36**, 105-107, 2001
6) Murata T., Karahara I., Kozuka T., Giddings T.H., Staehelin L. A., Mineyuki Y.: Improved method for visualizing coated pits, microfilaments, and microtubules in cryofixed and freeze-substituted plant cells. *J. Electron Microsc.*, **51**, 133-136, 2002
7) 唐原一郎，須田甚将，峰雪芳宣：電子線トモグラフィーとは何か：ナノスケールでの3Dバイオイメージング（藤本豊士，山本章嗣編）「電子顕微鏡で読み解く生命のなぞ　ナノワールドに迫るパワフル技術入門」, pp. 77-82, 秀潤社, 2008
8) http://bio3d.colorado.edu/imod/
9) 峰雪芳宣：チューブリンの機能とその存在様式の多様性. 生物の科学，遺伝 別冊 14 号, pp. 33-44, 2002
10) Battey N. H., James N. C., Greenland A. J., Brownlee C.: Exocytosis and Endocytosis. *Plant Cell*, **11**, 643-660, 1999
11) Packard M. J., Stack S. M.: The preprophase band: possible involvement in the formation of the cell wall. *J. Cell Sci.*, **22**, 403-411, 1976
12) Karahara I., Suda J., Tahara H., Yokota E., Shimmen T., Misaki K., Yonemura S., Staehelin L. A., Mineyuki Y.: The preprophase band is a localized center of clathrin-mediated endocytosis in late prophase cells of the onion cotyledon epidermis. *Plant J.*, **57**, 819-831, 2009
13) Staehelin L. A.: Membrane systems involved in cell wall assembly（P. Albersheim, A. Darvill, K. Roberts, R. Sederoff, A. Staehelin eds.) Plant Cell Walls, pp. 119-160, Garland Science, 2011
14) Liu B., Palevitz B. A.: Organization of cortical microfilaments in dividing root cells. *Cell Mot. Cytoskel.*, **23**, 252-264, 1992
15) Karahara I., Staehelin L.A., Mineyuki Y.: A role of endocytosis in plant cytokinesis. *Commun. Integr. Biol.*, **3**, 1-3, 2010

謝辞　ここで紹介した研究に協力いただいた，唐原一郎博士，須田甚将君（富山大学），L. A. Staehelin 博士（コロラド大学），竹内美由紀博士（東京大学），および，図の作製に協力頂いた藪内隆俊君（兵庫県立大学）に感謝いたします．

III. 電子線トモグラフィーと細胞骨格の空間構造

　物質の性質や機能の類推にとって立体構造は必要不可欠な情報である．一方，3次元計測には様々な要素が含まれ，それをひとくくりにすることはできない．蛋白質分子の立体構造は，コンピュータトモグラフィー（CT）の発達する以前からX線結晶回折により求められた．原子座標が決まることは，すなわち，3次元構造が求まることである．しかし，表面構造は別で，静電場などを考慮して予測しなければならない．一方，各種顕微鏡を用いたトモグラフィーでは，使用するプローブにより分解能の差はあるが，表面構造を含めた立体構造を解析することができる．いまのところトモグラフィーでは原子座標が決まることはないが，細胞生物学の分野では十分な

分解能である．生物では蛋白質が様々な複合体を形成し，いろいろな機能を生み出すので，蛋白質複合体やそれらと細胞内小器官の複合体の立体構造の解明は重要である．とくに細胞内における標的蛋白質の位置を測定するにはその周辺の立体構造解明は不可欠である．

透過型電子顕微鏡（TEM）による電子線トモグラフィーも形態観察から構造測定への過程において必要手段として開発された．我々は凍結エッチングレプリカ法（freeze deep etching replica）[1]とその変法を主な手段として膜の裏打ち骨格構造を解析している．膜骨格と膜蛋白の相互関係を調べるときは膜表面から骨格線維までの距離の測定はきわめて重要であるとともに，膜蛋白複合体を横から観察することは機能を類推するためにも重要である．そのためトモグラフィーを導入し，計測している[2,3]．ここでは細胞骨格のトモグラフィーを中心に述べるが，立体再構築（3D再構築）とトモグラフィーが対象となる試料の大きさや試料作製法により，いかなる意味合いになるかを述べる．

◆ 5.4 トモグラフィーとトポグラフィー ◆

トモグラフィー（tomography）はいうまでもなく内部の構造を含んだ3D画像を作るための手段であり．一方，トポグラフィー（topography）は表面の凹凸を描き出す局所的な3D解析である．凍結エッチングレプリカ法では凍結割断面に白金を蒸着するので，蒸着膜より内部の構造は意味をもたない．すなわち，トモグラフィーのアルゴリズムを用いて立体再構築を行っても，表面のトポグラフしか得られない．このように，透過型電子顕微鏡内で試料を傾斜しながら100枚近くの連続傾斜像を得て，トモグラフィーのアルゴリズムソフトを用いて立体再構築をしても，それがトポグラフになってしまうことは意外と多い．実は蒸着をしない他の試料作製法にしても内部構造の3次元再構築は難しい．それは電子線の透過力が弱いことに起因している．通常の電子顕微鏡ではせいぜい100 nmくらいの厚さまでで，それ以外はボケてしまう．図5.11は培養した海馬の神経シナプスの250 nm厚の切片を超高圧電子顕微鏡（1,000 kV）で観察し，トモグラフとした像の一部である．加速電圧を1,000 kVまで上げれば，さすがによく見えてくるが，500 nmの厚さを超えると内部構造は不確かになる．

電子顕微鏡は光学顕微鏡と異なり，プローブである電子線の照射角が小さいため焦点深度が深く，完全な透過像となってしまう．このため，光学的切片は作れず，X線同様，傾斜角を連続的に変えて得られる透過像をラドン変換し，元の3D像を再構築をすることになる[4]．ただ，X線CT装置ではX線プローブが動くのと違い，電子顕微鏡ではプローブである電子線の角度を大きく振ることはできないので，試料を±60°程度連続傾斜させて撮影することになる．

電子顕微鏡から得られる像が完全な透過像であるという性質を利用するならば，連続切片を積み上げて立体再構築をするのが最もよい方法である．米国Gatan社から発売されている3D viewはまさにこの方法を容易にするための装置である．連続切片法ではz方向の分解能は切片厚で決まってしまうので，できるだけ薄い切片を切らなければならないが，3D viewでは切片内の情報を無視し，切片の透過像は切片の表面像と同じと考え，走査型電子顕微鏡（SEM）と組み合わせ，切削後の表面の2次電子像を積み上げて3D再構築を行う．すなわち，連続的に切っ

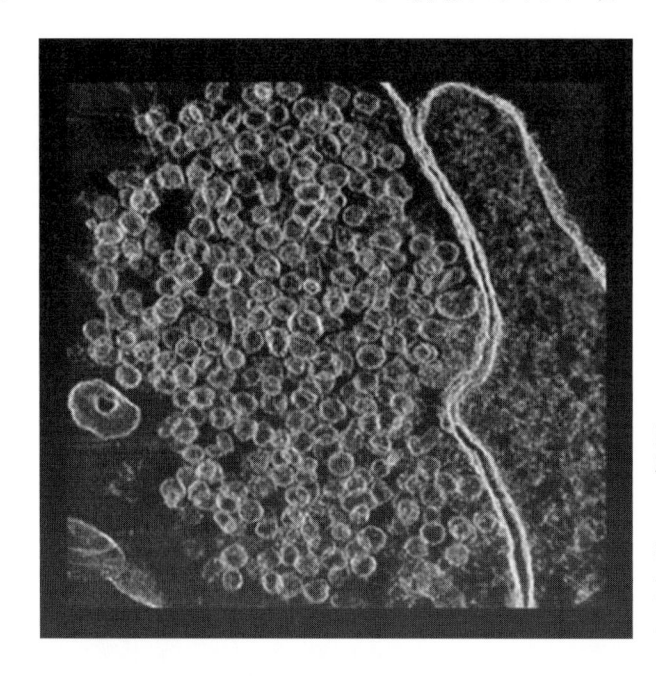

図 5.11 マウス海馬培養神経細胞が形成したシナプス部の厚切り切片（250 nm）の超高圧電顕によるトモグラフィー像
実際はアニメーションとなっており，x 軸，y 軸を中心に回転でき，シナプス小胞一つひとつの重なり具合がよく見える．

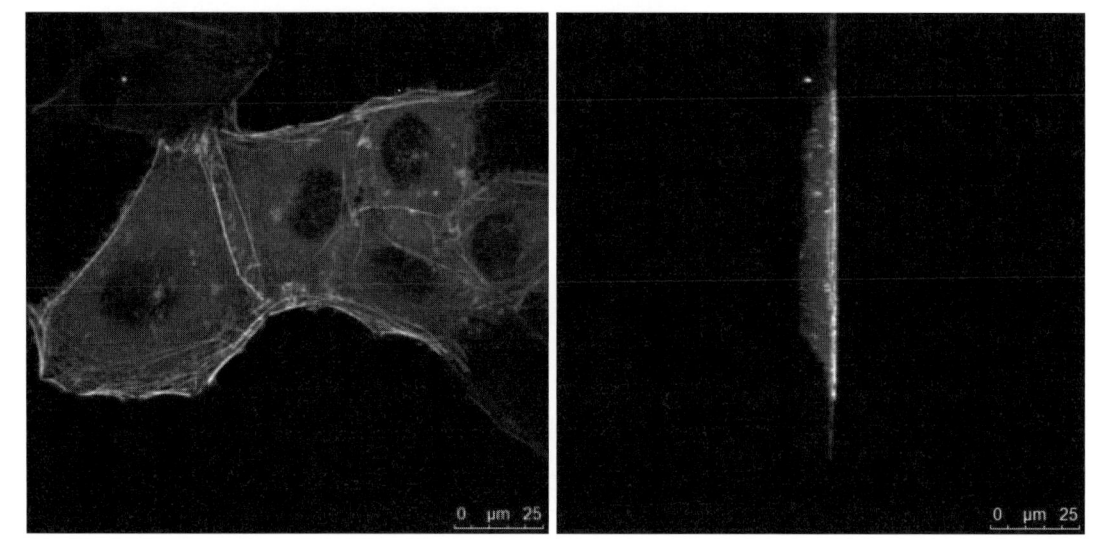

図 5.12 通常の共焦点レーザー顕微鏡による GFP アクチンを発現している HeLa 細胞のトモグラフィー像
（左）は正面から観察した像で，（右）は真横から観察した像．右像からわかるように大半の構造情報は細胞の底面（対物レンズにオイルで接触している面）から得られれている．細胞質から apical 側にかけてはほとんど構造情報がないことがわかる．

ては表面像を取り込んで積み重ねるという具合である．

　ところで z 軸上の分解能があり，光学切片が切れ，live cell imaging のできる共焦点レーザー顕微鏡の場合はどうであろうか．図 5.12 は GFP アクチンを発現している HeLa 細胞からトモグラフ化し，真横から観察した像である．明らかに構造情報は一方向に偏っている．すなわち，最も対物レンズに近い面だけが正確に描写されている．そのため正面から見るとアクチンからなる

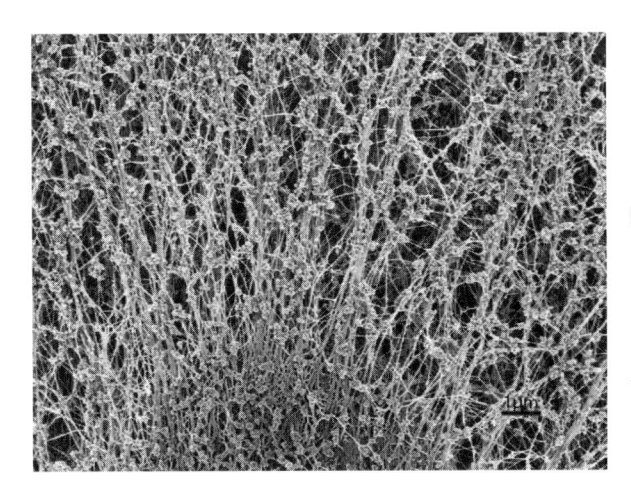

図 5.13 細胞膜を剥がし，細胞質を十分流出させた後，凍結乾燥，白金蒸着を行い走査型電子顕微鏡で観察した像
共焦点レーザー顕微鏡（図 5.12）では観察されなかった細胞質細胞骨格（大半はアクチン線維）がいかに豊富であるかが理解できる．また，多くのアクチン線維が核膜からも伸びているのがわかる．

ストレス線維はすべて底面に豊富であるように観察される．細胞質内や核周辺，apical 側にはほとんどアクチン線維が認められないという不思議なことになってしまう．実際には図 5.13 の SEM 像のように細胞内のあちこちにアクチン線維とその束であるストレス線維が観察される．このように見てくると，透過力が高く，内部構造情報を運んでくる X 線像の画像解析にトモグラフィーが適用されたことも納得できる（X 線 CT）．

◆ 5.5 分子レベルの立体構造解析 ◆

　蛋白質分子の高分解能構造観察には立体再構築を伴うのが普通である．すなわち 3 次元的に観察しない限り原子座標は決まらないからである．高分解能構造解析では 2 次元や 3 次元結晶試料の電子線回折と単粒子解析による研究が行われている．結晶回折で最も有名なのはバクテリオロドプシンの構造解析である．もともとバクテリオロドプシンは *Halobacteria* と呼ばれる高度好塩菌の細胞膜中に P3 の格子をもつ天然の結晶としてパッチ状に存在する．バクテリオロドプシンの結晶を含む膜画分を精製すると鮮やかな紫色を呈することから，この膜を紫膜（purple membrane）と呼んでいる．紫膜は電子線が透過できるほど十分薄い細胞膜中にバクテリオロドプシンの結晶が埋め込まれていることから電子線回折の格好の材料となった[5,6]．しかし，電子線の欠点は照射により熱が発生することであり，蛋白質は熱によりすぐに変性してしまう．したがって，回折像は液体窒素や液体ヘリウムで冷却しながら測定されるのが普通である（いわゆるクライオ電顕）．回折像は位相の情報を含まないのでこのままでは分子の立体構造は求められない．そこで，試料を傾斜させながら様々な角度からの回折像を求め，そこから構造を推測することになる．生物材料を観察するという意味ではこのクライオ電顕による結晶回折が最も分解能が高い方法である．しかし，結晶もしくは結晶化が必要ということで応用範囲は限られる．

　一方，単粒子解析法は分解能が多少落ちるが結晶化を必要としないので応用範囲は広い．最初は精製蛋白質の負染色像から立体構造を予測していたが，最近では氷包埋分子の単粒子解析が多くなり，より自然状態の分子の構造がわかるようになってきた．単粒子解析は観察された粒子

（分子）の平均化を何千何万とすることにより，真の構造に近づけようとする方法である．しかし，解析用ソフトの取扱いが難しいなど一般への普及にはまだ時間がかかるのが現状である[7,8]．平均化という意味では回折法と同じであるが，実像を用いて処理するため表面の静電場を含めた像の平均化となる．したがって，αヘリックスやβシートといった内部状況はわからない．このように蛋白分子は十分小さいのでその構造の解析はおのずと立体構造解析となり，トモグラフィー（断層写真から立体再構築）という概念はなかった．しかし，最近では別の観点からトモグラフィーとの併用が行われるようになった．それは加圧急速凍結法の発達により，微細構造が損傷されない無氷晶凍結が $100\,\mu m$ 以上に及ぶことにより，何の前処理もしない生きている状態の凍結切片像（cryo-electron microscopy of vitreous ice section：CEMOVIS）[9]が以前より容易に得られるようになったことによる（図5.14，5.15）．60 nm の厚さの凍結切片をクライオ電顕で観察し，これをトモグラフィーとすることで，凍結切片の断層像を得ることができる．たとえば，60 nm 厚の凍結切片はトモグラフィー化後に，さらに6枚の10 nm 厚の sub-volume（仮想切片：optical section とは原理的にまったく異なるが，そのようなものと考えると想像がつく）に分けることができる．そうするとこの切片には中間径線維であれば重複のない1本ずつの線維が存在するはずであり，同様にリボゾームであれば1個1個が重複なく存在するはずである．それであればこれらのオルガネラを多数サンプリングし，単粒子解析（平均化）すれば機能状態の分子やオルガネラの立体構造を解明することができる[10,11]．

このような解析法は日本ではまだなじみがうすいが，欧米では盛んに行われるようになった．ただ，この実験をするためにはクライオ電子顕微鏡，クライオウルトラミクロトーム，加圧凍結装置など高価な装置が必要である．

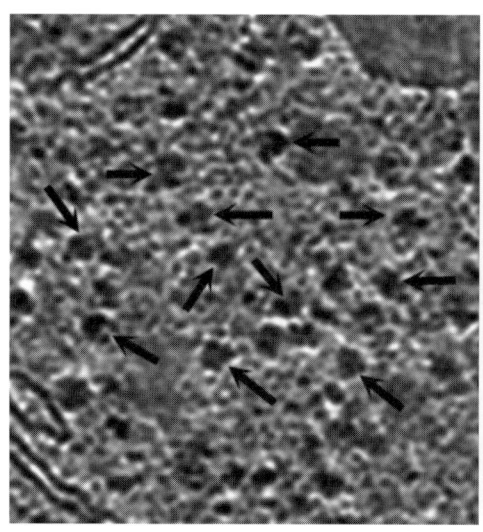

図5.14 酵母の無氷晶凍結切片像（CEMOVIS）の一部拡大写真
矢印はリボゾームを示す．P. J. Peters 博士の好意による[10,11]．

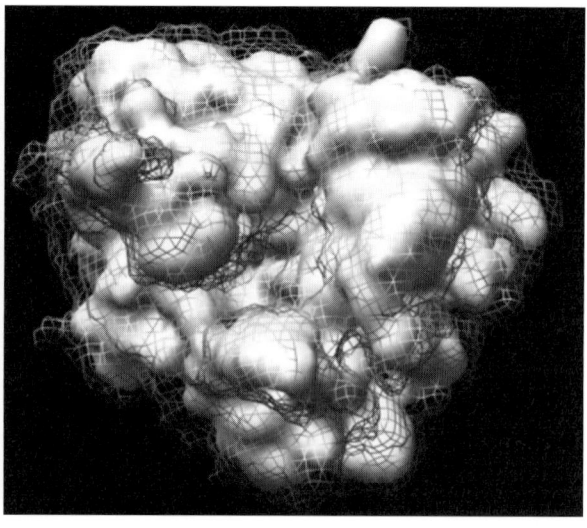

図5.15 左の写真からリボゾームをサンプリングし，単粒子解析（平均化）により求められたリボゾームの立体構造

5.6 アクチン細胞骨格の構造解析

　細胞あるいは細胞内小器官の立体構造解析となると，あまりに複雑すぎて前述のような電子線結晶回折や単粒子解析法のような手法をとることはできない．従来の切片法や凍結エッチング法から得られる画像をもとに立体構造を再構築することになる．しかし，前述のように凍結エッチング法では白金レプリカの凹凸が記述されるのみである（トポグラフ）．しかし，アクチン線維間の立体的な配置，あるいは制御蛋白質とアクチン線維との関係，アクチン線維と微小管の立体的関係など（これを我々は「空間構造」と呼ぶ）は1本1本のアクチン線維の機能を理解する上で重要である．アクチン細胞骨格は多様な機能を有しており，膜直下にあっては膜裏打ち構造としてレセプターやチャンネル蛋白質の動きや機能を制御し，膜機能ドメイン構造を維持している．細胞質においては細胞質内に機能ドメインを形成し，各オルガネラの位置や核の位置を決めていると考えられている．当然，細胞の形の形成にも深く関与していると推測される．我々はアクチン線維がこのような生命現象の根幹にどのように関与しているかを具体的に明らかにするため，免疫エッチングレプリカ法とトモグラフィーによる3次元画像解析を行っている．免疫エッチングレプリカ法は免疫細胞化学法と凍結エッチング法を組み合わせた新たな方法で，これまでの細胞化学より格段の標識分解能をもっている．単なる3D構造の観察に留まらず，いかなる蛋白質がどのように細胞骨格に結合しているかを明らかにする必要があり，開発された．

　さて，トモグラフィーの実際であるが，前述のように試料を傾斜しながら（実際は1°ずつ）電子顕微鏡付属のCCDカメラにて自動的に画像を取得する（枚数にもよるが，全体で約40〜60分ほどかかる）．コンピュータ内に撮影した画像のファイル（生データ）ができる．これをそれ

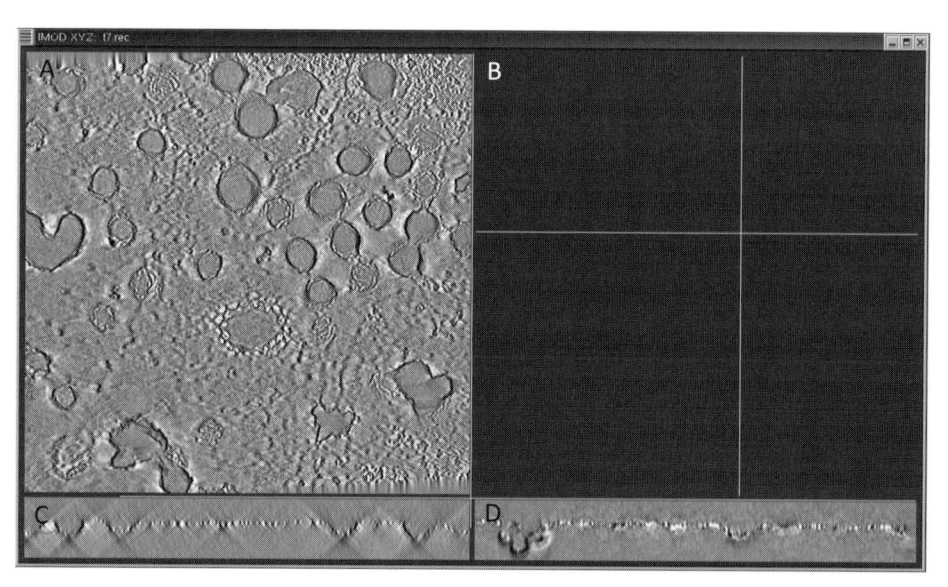

図5.16　水平断像と横断像
A：傾斜像から水平断像を算出したものの1枚．B：x, yの切断位置を示す．C：Bのx線に沿って切断しレプリカを真横から見た像　D：y線に沿って切断しレプリカを真横から見た像

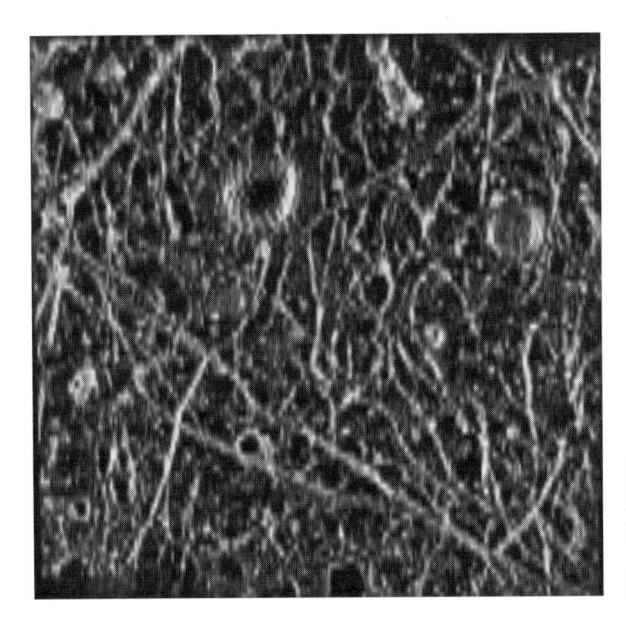

図5.17 トモグラフィーにより立体再構築された膜の裏打ち構造
実際は360°回転するアニメーションになっており異なる角度から観察できる.

ぞれの電子顕微鏡会社が独自に開発したソフト,もしくはImodのように公開されているソフトによりトモグラフィーとする.図5.16は傾斜像から求めたレプリカの水平断像と横断像である.そしてこのようなファイルをもとに再構築した膜の裏打ち構造が図5.17である.ここでは静止画であるが,実際にはアニメーションとなっており,各方向から観察可能である.

文 献

1) Heuser J. E.: The origin and evolution of freeze-etch electron microscopy, *J. Electron Microsc.*, **60** Suppl 1: S3-29, 2011
2) 諸根信弘,臼倉治郎:急速凍結ディープエッチ免疫レプリカ電子顕微鏡法による細胞膜裏打ち構造の観察,実験医学別冊「バイオイメージングでここまで解る」,羊土社,pp. 132-137, 2003
3) Morone N., Fujiwara T., Murase K., Kasai S., Ike H., Yuasa S., Usukura J., Kusumi A.: Three-dimensional reconstruction of the membrane skeleton at the plasma membrane interface by electron tomography, *J. Cell Biol.*, **174**, 851-862, 2006
4) 田中信夫:電子線ナノイメージング,内田老鶴圃,2009
5) Henderson R. *et al.*: A model for the structure of bacteriorhodopsin based on high resolution electron cryo-microscopy, *J. Mol. Biol.*, **213**, 899-929, 1990
6) Kimura Y. *et al.*: Surface of bacteriorhodopsin revealed by high-resolution electron crystallography, *Nature*, **389**, 206-211, 1997
7) Polyakov A., Severinova E., Darst S. A.: Three-dimensional structure of *E. coli* core RNA polymerase: promoter binding and elongation conformations of the enzyme, *Cell*, **83**, 365-373, 1995
8) Ray P. *et al.*: Determination of Escherichia coli RNA polymerase structure by single particle cryoelectron microscopy, *Methods Enzymol.*, **370**, 24-42, 2003
9) Dubochet J.: Cryo-EM-the first thirty years, *J. Microsc.*, **245**, 221-224, 2012
10) Pierson J., Vos M., McIntosh J. R., Peters P. J.: Perspectives on electron cryo-tomography of vitreous cryo-section, *J. Electron Microsc.*, **60** Suppl 1: S93-100, 2011
11) Pierson J., Sani M., Tomova C., Godsave S., Peters P. J.: Toward visualization of nanomachines in their native cellular environment, *Histochem. Cell Biol.*, **132**, 253-262, 2009

6 走査型電子顕微鏡による3D技法
[於保英作・牛木辰男・伊東祐輔・小竹 航・山澤 雄・岩田 太]

Ⅰ. 走査型電子顕微鏡像の3D再構築と計測

◆ 6.1 試料表面構造の3D観察法 ◆

走査型電子顕微鏡(SEM)は,高分解能と深い焦点深度を特長とした,裾野の広い多くの分野で役立つ装置である.一方,今後さらに要求が高まると考える微小領域の3D観察・像再構築・計測についても,装置本体になんらかの工夫を施すことによって利用価値の高い3D情報が入手できる.SEM試料の表面構造観察に関する3D法としては以下のものがよく知られている[1～3].

6.1.1 視差情報を用いたステレオ観察法
この方法は,2枚の視差画像を得るだけで3D観察が容易に行えるので,SEM分野に限らず様々な分野で利用されている.とくに,最近のコンピュータおよび関連機器の進歩とあいまって,この種の3D観察は大きく活躍の場を広げている.ただし,微小領域から視差のある画像を得るには工夫が必要で,電子ビームチルト法などが提案されている.また,3D像再構築にこの方法を用いるには対応点探索のための正確な位置合せ操作が必要であり,いまのところ負荷の大きい作業である.

6.1.2 対物レンズ励磁電流値から高さを測定する方法
試料を電子ビームで走査しながらそれぞれの局所点で自動焦点合せを繰り返し行い,対物レンズの励磁電流値をモニターしておく.次に,それらの値を高さ情報に変換すれば,3D計測が可能となる.この方法は,古くはケンブリッジ大学の研究グループが提案したが,原理的に焦点深度が深いSEMでの利用のため,高さ方向の分解能改善には大きな限界がある.加えて,3D画像を構成するのに必要な画素数分だけ焦点合せを繰り返す必要があるので,像取得時間が長くなる傾向にある.それゆえ,最近ではあまり見かけない方法になった.

6.1.3 反射電子の差信号を用いて3D像再構築を行う複数検出器法
複数の検出器から取得した信号を適切に演算すれば,3D像再構築のための情報が得られる.信号としては,反射電子と二次電子が考えられる[4].ただし,各信号の特徴が異なるので得手不得手が出てくるので注意が必要である.とくに反射電子方式の長所としては,低真空SEMにも利用できることや,対象試料に対する制約が緩和されることが考えられる.具体的には,帯電・

含水・ある程度凹凸の激しい試料などにも対応可能な計測法になっている．加えて，最近の反射電子検出器の急速な進歩により，良好な3D再構築結果が期待できることや，SEM観察している部分が短時間で3D再構築できるのは魅力である[5]．本章第Ⅰ部では，主に反射電子検出器による3D像再構築法について説明する．

◆ 6.2 4分割半導体反射電子検出器による3D像再構築の原理 ◆

6.2.1 正規化反射電子差信号の利用

SEMから3D（高さ）情報を得るのに必要な追加装置としては，4分割半導体反射電子検出器システムと検出信号を処理するコンピュータがあれば十分である．本章第Ⅰ部の3D再構築像は，S-3400N（日立ハイテクノロジーズ）から得られた信号を自作システム（National Instrumentsの装置がベース）で処理したものであるが，製品化されたこの種の装置も少なからず見受けられる．ここで，必要な信号は4チャンネル分あるので，信号取得時間や後の画像処理系の負担を考えると全チャンネル同時取得が望ましい．

本方法では，試料直上に配置した円環状4分割検出器（A，B，C，Dチャンネル）が捉える反射電子信号を利用する（図6.1）．ここで電子ビームの走査方向はA→Cに向かっている．試料表面構造に傾斜角度θがあれば各検出器に入る信号には差が出てくる．実際，反射電子信号には試料（硬貨）の凹凸に応じた像コントラストが現れる（図6.2）．これらの信号に3D情報が含まれている．たとえば，AとCチャンネルによる各画像では，矢印で示す凸構造エッジ部分がそれぞれ明（A）・暗（C）のコントラストになっている．ただし，これらの信号を直接的に用

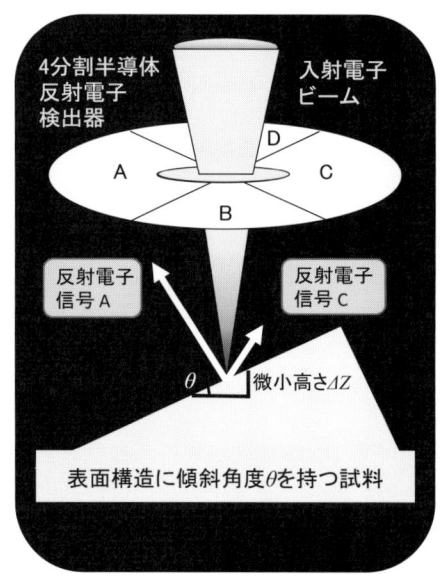

図6.1 4分割半導体反射電子検出器と観察試料の位置関係ならびに反射電子信号の発生状況

6.2 4分割半導体反射電子検出器による3D像再構築の原理　　　69

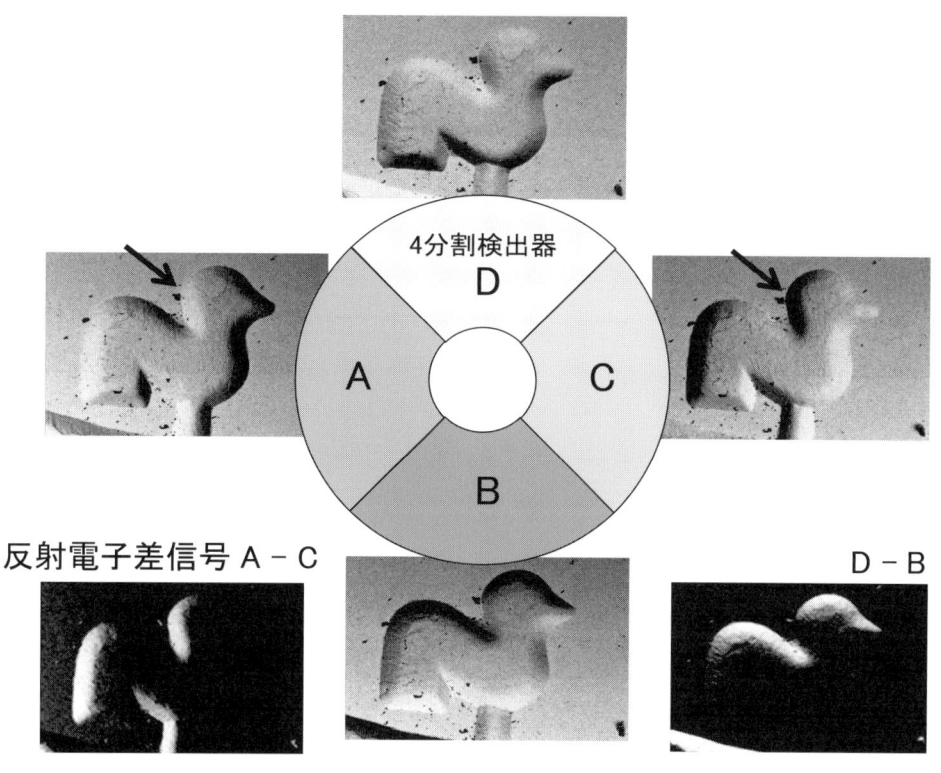

図6.2 反射電子像に含まれる凹凸コントラストと反射電子差信号

いても3D像再構築はできない．実際に試料表面構造の再構築に用いる信号としては，(A−C)/(A+C)と(D−B)/(D+B)（正規化反射電子差信号）が適している．この信号を利用するメリットとしては，A−C，D−B（反射電子差信号，図6.2）には凹凸情報のみが存在し，原子番号依存性の組成情報を含まないことが重要である（通常の反射電子像にはこれら2つの情報に関連した像コントラストが混在している）．また，分母A+C，D+Bで割る効果は，総信号量で差信号を正規化して入射電流量の違いによる影響を補正している．

6.2.2　正規化反射電子差信号を試料表面構造の傾斜角度 θ に変換する実験式

3D再構築像を得るための次のステップとして，正規化反射電子差信号を試料表面構造の傾斜角度 θ に変換する必要がある．その目的のために算出した実験式について，図6.3で模式的に説明する．実験式からは差信号が増すにつれて傾斜角度 θ が大きくなる様子が見てとれる．一方，平坦構造（グラフ原点付近）では各検出器に等量の信号が入るので差信号はゼロ（傾斜角度もゼロ）である．

ここでいう実験式を得るには，平坦試料をSEMの傾斜機構で傾けながら，それぞれの角度ごとに反射電子信号を取得していけばよい．ただし，大変面倒で正確さを必要とする作業である．この負担を大幅に軽減するために，図6.4に示す断面真円度の高い細線を用いる．実験式を得る具体的な手順は，

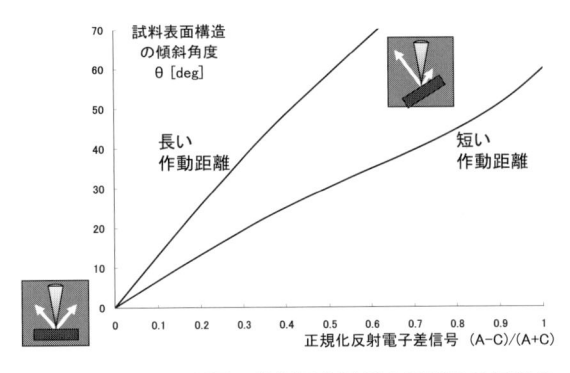

図 6.3 正規化反射電子差信号を試料表面構造の傾斜角度 θ に変換する実験式

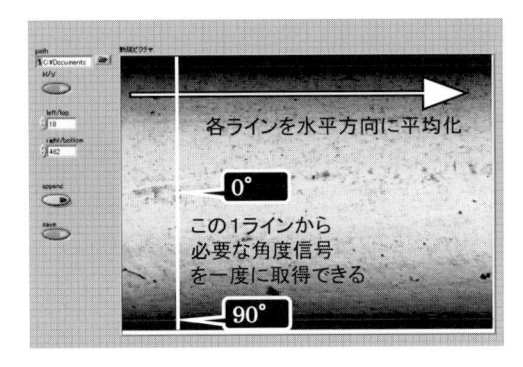

図 6.4 細線試料を利用した実験式の取得法

① 細線の反射電子像を取得する．そうすれば，垂直方向の 1 ライン（白線）で 0～90° 傾斜時の信号が一度に得られることになる．
② 統計的に安定した実験式が必要なので，各ラインを水平方向に適切に平均化する．
③ 各チャンネルの信号から正規化反射電子差信号を求めて，傾斜角度との対応付けを行う．

以上の作業によって，高精度測定にも適用可能な実験式が比較的簡単に手に入る．ここで細線の表面には，実際に観察する試料と同等の物質でコーティングしておく必要がある．

前出図 6.3 のグラフでは，作動距離（ワーキングディスタンス：WD）をパラメータとしているが，WD の長短で実験式が大きく変化する．この実験式をいかに正確に求めるかが本 3D 手法の性能に大きく関係し，計測システムがもつ傾斜角度分解能の優劣を左右する．この実験式が影響を受ける要素としては，
① 検出器の形状
② 検出器と試料の位置関係
③ SEM の操作条件
④ 試料の反射電子放出に関する性質
などが考えられる．

一般に，正しく傾斜角度が測定できる範囲は，WD 10 mm では 60° ぐらいまでに制約される．WD を長くした場合には，測定可能な角度は増す傾向にある．しかし，反射電子に含まれる凹凸情報が減少し（組成情報は増える），それに加えて SEM 自身の分解能（電子ビーム径）も劣化するので本質的な性能は悪くなる．ゆえに通常はあまり用いない条件である．

6.2.3 複数検出器法における注意点

本 3D 法について具体的に注意を払う必要がある項目としては，
① 目的に応じて検出器，加速電圧，WD などの SEM 条件を決定して実験式を得る．別の条件では再度実験式を求める（利用する各条件で実験式を用意）．
② 走査方向と検出器方向を正確に合わせる．
③ 検出器システムの各チャンネルの利得特性が線形かつ十分に一致するように調整する（電子

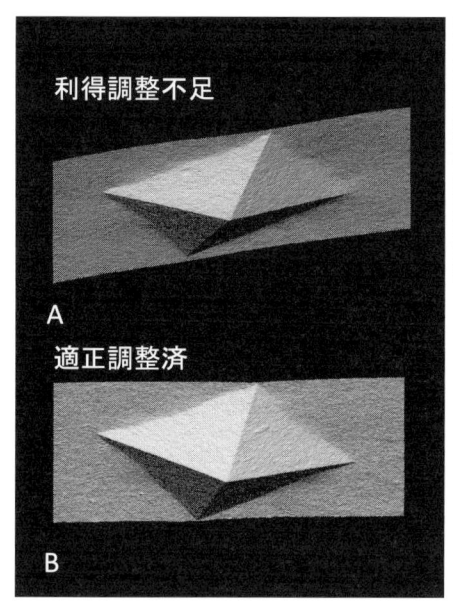

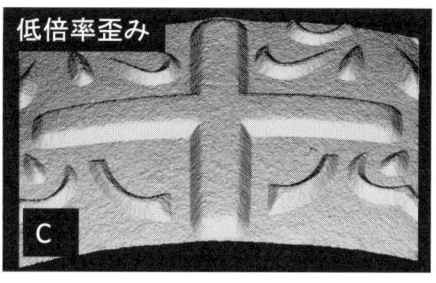

図 6.5　4 分割検出器システムの調整不足や過度の低倍率観察における問題例

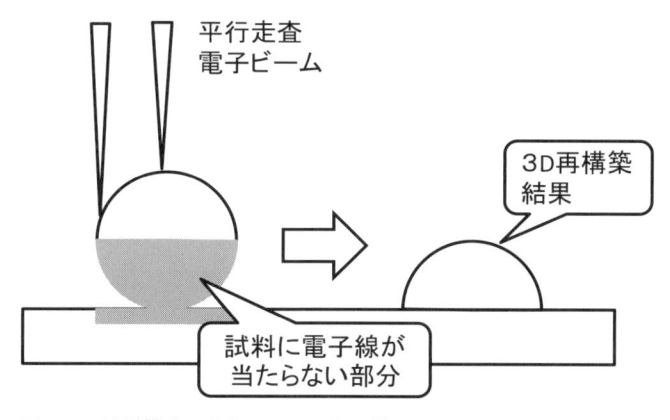

図 6.6　試料構造に依存した 3D 像再構築が困難な例

ビームが検出器の中心部を通ることも重要).

④ 上記利得特性の更なる改善策として，信号取得後においても各チャンネル間での信号微調整が必要な場合がある．

⑤ 平行ビーム走査を前提としているので，低倍率条件では画像に一定の歪が生じる．

などが重要である．

　図 6.5（A）は，4 分割検出器システムの利得調整不足時の典型例である．本来は水平に観察されるはずのビッカース硬度計による圧痕（凹み）が傾いて 3D 観察されている．この状況は，画像から傾きを除去して見かけ上解決できる．しかし，本手法の性能を発揮させるには，やはり上記調整を十分に行う必要がある．適正調整後に取得した 3D 像（B）と比較されたい．

別の問題例として，30倍の低倍率を利用したときの3D像再構築結果（硬貨）を（C）に示す．凸状に歪んでいるのがよくわかる．この種の歪を除去することはあまり難しくないが低倍率観察での性質を知っておくべきである．

一方，当然ながら試料表面に電子線が入射しないような部分では3D再構築ができない（図6.6）．また，急峻すぎる傾斜構造は正しく再現されないことにも既に触れている．この問題は原理的なものなので本システム単独では解決できない．しかし，後述するようにSEMのユーセントリック試料傾斜機構と組み合わせて，試料側面付近の反射電子信号を適切に取得すれば対応可能である．

6.2.4　傾斜角度情報から高さ情報への変換

図6.3の実験式を用いて得られた信号は，試料の各点がもつ傾斜角度の情報を有するが，まだ高さを示していない．3D再構築を行うには，それらを高さ測定が可能な情報に変換する必要がある（図6.7）．その作業としては，角度をもつ各点を単純に連結していくことで（たとえば左端から右端に向かって）3D形状が得られると想像するかもしれない．しかし実際は，各種ノイズの悪影響が徐々に蓄積され，3D像の終端付近では大きな誤差を含むことになる．

この問題を解決するための1つの方法として，誤差を画像全体に拡散させ，結果として3D測定値に悪影響が出ないようにすることが考えられる．その処理手順を図6.8に示す．①は正規化反射電子差信号から各点ごとに表面構造の傾斜角度が得られた状態である．中心点の傾斜角度情報は縦横4つの点と隣接している．②に示すように，それらがもつ角度情報間には高低差が発生し不連続になっている（①中の水平線の断面プロファイルを表示）．③では，角度情報から高さ

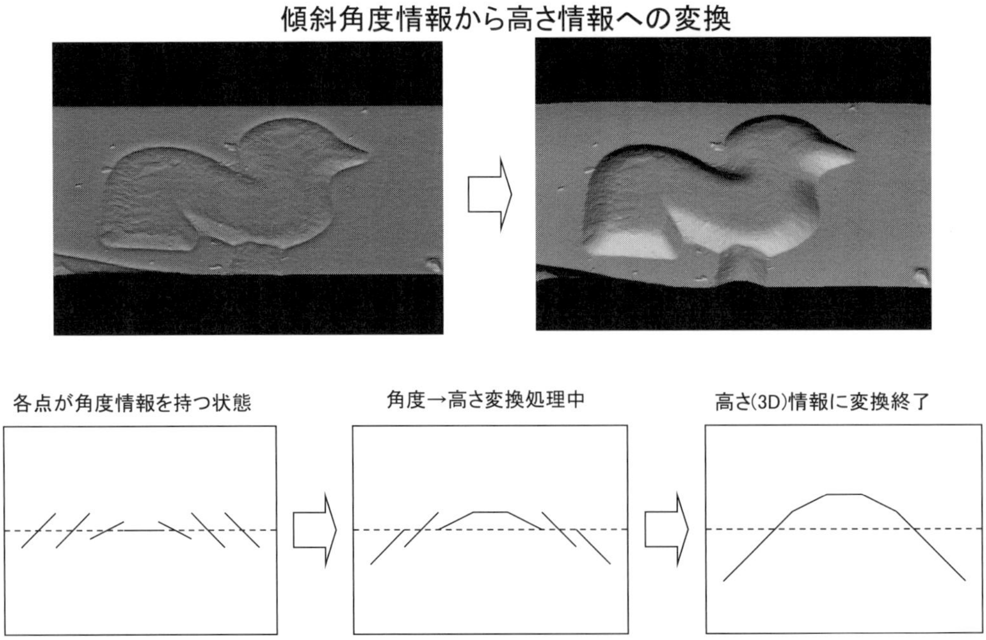

傾斜角度情報から高さ情報への変換

図6.7　試料の傾斜角度情報から高さ情報への変換

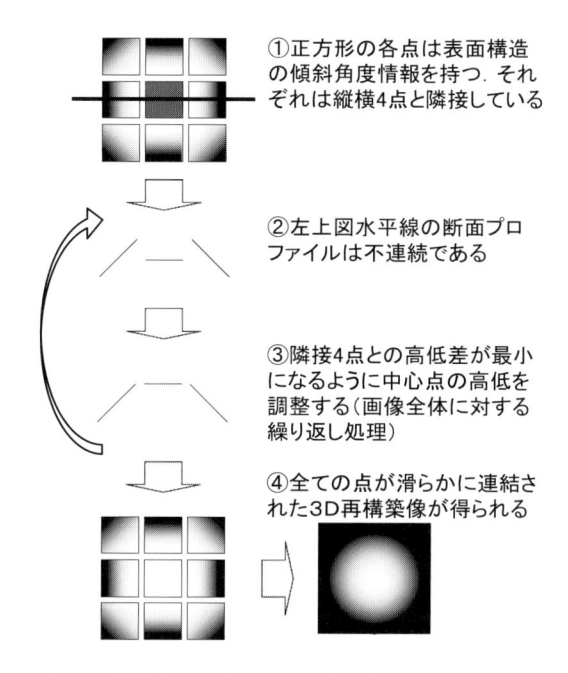

6.2 4分割半導体反射電子検出器による3D像再構築の原理

図 6.8 試料高さ情報への高精度変換方法

①正方形の各点は表面構造の傾斜角度情報を持つ．それぞれは縦横4点と隣接している

②左上図水平線の断面プロファイルは不連続である

③隣接4点との高低差が最小になるように中心点の高低を調整する（画像全体に対する繰り返し処理）

④全ての点が滑らかに連結された3D再構築像が得られる

情報を得るために，その高低差が最も小さくなる位置に中心点を移動する作業を画像全体で行っている．この処理は1回の移動量が小さいので繰り返し処理となる．最終的には，一連の処理による結果は④のように収束し，正確かつなめらかな高さ情報が得られることになる．この状態でコンピュータグラフィックスの技術を用いれば，3D像の回転・傾斜などが効果的に行える．

6.2.5 3D像再構築手順の整理

これまで説明してきた4チャンネル検出器信号から3D再構築像を得るまでの過程を整理すると，

① 3D像再構築のためのSEM操作条件を決定する．
② 検出器システム利得などの適正調整を行う．
③ 細線試料のSEM像から，正規化反射電子差信号を傾斜角度θに変換するための実験式を求める（ここまでが前準備）．
④ 観察対象試料から3D像再構築用信号を取得する．
⑤ 実験式を用いて取得信号から傾斜角度情報を得る．
⑥ 傾斜角度情報を高さ情報に変換する．

ということになる．もちろん，既知の角度・高さをもつ試料を用いて3D像再構築システムを校正する必要がある（次節で議論）．

このように，正確な3D像再構築（高さ測定）を行うためには信号取得時の重要なパラメータ群を十分に適正調整する必要がある．ただし，①～③は1度実行しておけば同一条件下では必要のない作業である．その後は単純に所望の反射電子信号を取得するだけで，3D再構築像からの

高さ測定が可能になる．また，再構築像から立体感（凹凸判定）を知るだけの目的であれば，厳密な調整は必要ないので装置はもっと楽に利用できる．

SEM 像取得後，3D 再構築像を得るまでにかかる画像処理時間は（数十万画素の画像として），アルゴリズムをうまく考えると通常の PC でも数秒以内で終了すると思われる．このように，画像処理の負荷が非常に小さいことも本手法の特長の 1 つである（高画素数の 3D 像再構築も可能）．

◆ 6.3 3D 像再構築の実際 ◆

6.3.1 3D 像再構築結果の確認

まず，3D 像が正しく再構築されているかどうかの確認を行う．そのためには既知角度をもつ校正試料が必要であるが，ここではビッカース硬度計による圧痕を用いて表面構造の傾きを測定する（前出，図 6.5（B））．理想的な圧痕ができていれば，試料平面からの傾きは 22°となるはずである．実際にその 3D 構造を測定してみると，結果は，21.3°であった．また，この場合の圧痕の深さは 15.2 μm とほぼ予測どおりに測定された．ビッカース圧痕試料では，22°近辺の測定精度しか確認できない問題が残るが，通常の利用では許容できる範囲だろう．もちろん，より信頼性の高い測定値を求めるには，高精度の校正試料を複数の角度に対して用いることや，集束イオンビーム（FIB）による断面 SEM 像[6]との測定値比較を行えばよい．その場合，SEM 装置自身の倍率校正も 3D 測定に影響することを忘れてはならない．

6.3.2 低加速電圧反射電子像の必要性

本 3D 再構築法では，反射電子信号を利用するので，高加速電圧では十分な像解像度が得られない場合がある．とくに生物試料などを重金属コーティングなしで観察する場合には注意を要する．一方，最近の反射電子検出器の性能は急速に向上しているので 3 kV 以下の低電圧でも 3D 再構築に必要な信号が得られる．よって，必要に応じて積極的に低加速電圧条件を利用すると良好な結果が期待できる．

図 6.9（A）と（B）では，無コーティングの培養細胞試料をそれぞれ加速電圧 3 kV と 10 kV で比較している．通常の反射電子像間には顕著な解像度差は見られないが，その下に示す 3D 再構築像（C）と（D）では，3 kV の方がより明確に凹凸を示す画像になっている（わかりやすくするためにコンピュータ上で影づけしてある）．

6.3.3 3D 再構築像への SEM 像コントラストの貼付け

3D 再構築像は，基本的には高さ情報だけを示すので，SEM 像特有のコントラストは存在しない．この状況は，場合によっては高さ情報と像コントラストの関係をわかりにくくするかもしれない．

図 6.10（ラットの腎糸球体，加速電圧 3 kV，WD 10 mm）では，高さ情報だけの 3D 再構築像（A）と SEM 像コントラスト（この場合は二次電子像）を貼り付けた 3D 像（B）を比べてい

6.3 3D像再構築の実際

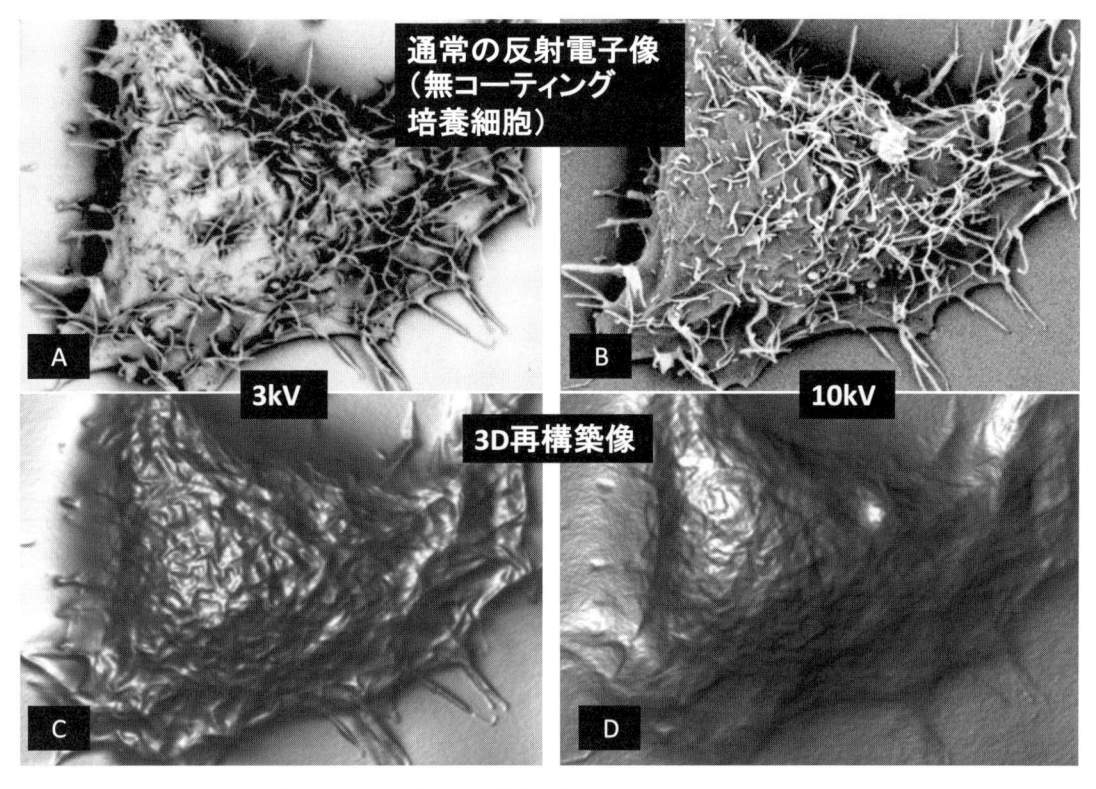

図6.9 低加速電圧反射電子像の必要性（試料提供：牛木辰男）
(A)(C) 3 kV，(B)(D) 10 kV

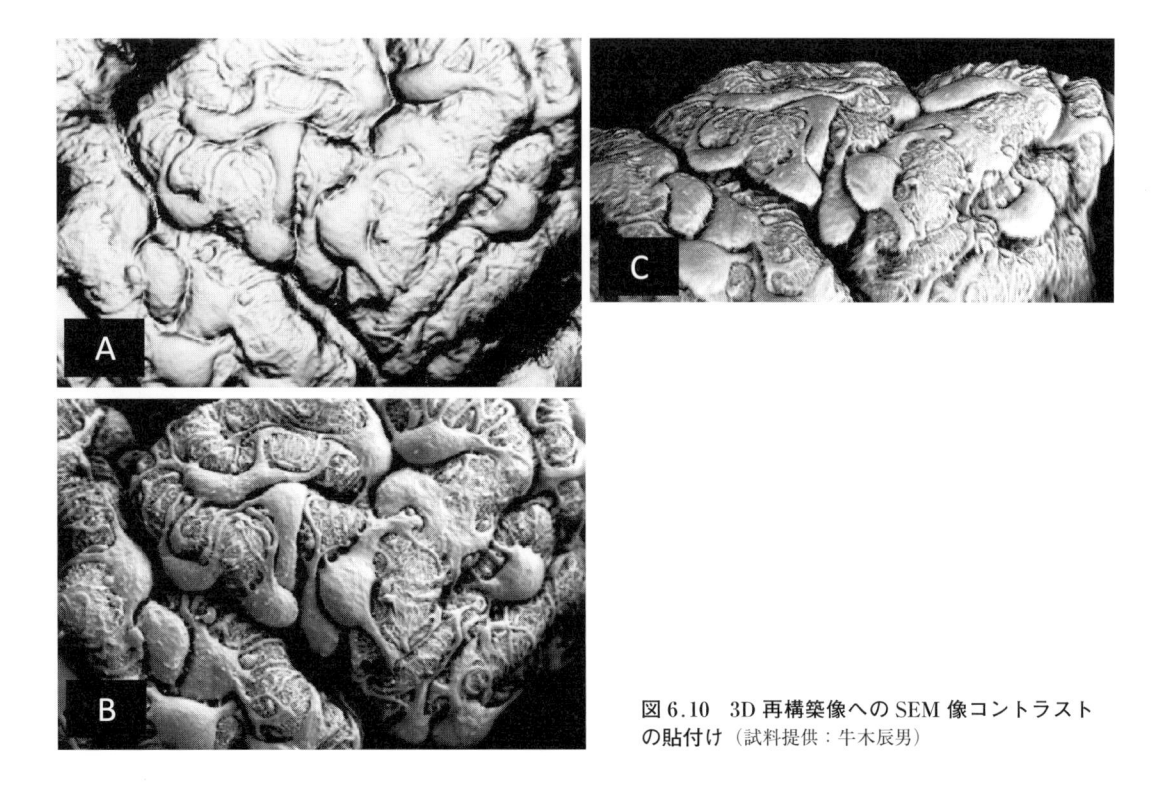

図6.10 3D再構築像へのSEM像コントラストの貼付け（試料提供：牛木辰男）

る．この試料の3D観察には像コントラストをもつ（B）の方が役立ちそうに思われる．ただしその利用には，（A）の高さ情報自身が正しく再構築されているという前提が必要である．その条件のおかげで，側面から見た3D像（C）も画像の歪が少ない状態で観察できている．以後の各図では，SEM像コントラストを貼り付けた画像を用いることにする．

6.3.4 3D再構築像を用いた試料表面構造の凹凸判断

本手法で再構築した3Dデータは，複雑な試料表面の凹凸判断が得意である．しかも，この方法にはSEM分解能を阻害する要因がほとんどないので，高分解能領域での利用も視野に入る．

図6.11（A）は，通常のSEM像（Pt-Pdコーティングしたラット腎糸球体タコ足細胞，加速電圧15 kV，WD 5 mm，装置倍率6万倍），（B）はそれに対応する3D再構築像である．コンピュータ上で3D像を回転・傾斜させたので，（A）では難しい凹凸判断がきわめて簡単に行える（凹凸判断作業だけなら，前述した検出器システムの厳密な利得調整はさほど必要ない）．

6.3.5 高倍率観察時における試料表面構造の高さ計測

3D像再構築システムの利得調整が十分で，かつ正確な実験式が利用できる場合，傾斜角度測定において1°以下のオーダーまで十分に感度があることを確認している（鏡面研磨した平坦試料の微小凹凸での実験）．その結果として，高倍率で取得した3D再構築像では期待以上に小さな高さが測定される場合がある．ただし，電子ビーム径が水平方向の分解能を決めるので，もしそれが十分でない場合は，かなりのなめらかさをもった凹凸構造として高さは測られることになる．

図6.12は，SEMの装置倍率12万倍で撮影した生物試料（図6.11と同じ試料で倍率以外の操作条件も同じ）の3D再構築像である．長方形白枠内がそれに対応する通常SEM像で，楕円部分内の高さが基準点に対して測定されている．どのくらいの測定誤差が含まれるかの検討はまだ十分ではないが，これまでの議論が正しく反映されているので，この程度の高低差が測定できてもおかしくない．

6.3.6 3D像再構築法とユーセントリック試料傾斜ステージを組み合わせた3D観察

前述したように，本3D-SEM法で再構築したデータの急傾斜部分を側面観察すると，なんらかの歪を伴うことになる．もちろん，電子線が入射できない隠れた部分は観察も計測もできない．そこで，この状況を大きく改善するための方法として，最近の進歩が著しいユーセントリックステージによる高角度の試料傾斜を利用する．

図6.13（A）は，ラット小腸絨毛のSEM像である．絨毛反対側の構造は見えない．次に，隠れている部分の構造観察を行う目的で，試料ステージを大きく傾斜させて（B）のSEM像を取得した．これら2枚の画像だけでも多くの側面部分の構造が観察できる．各構造の位置関係をわかりやすくするために，同一部位を円で囲んだ（（D）では絨毛に隠れて実際の部位は観察されない）．

一方，（A）の3D再構築データを用いて，観察できないはずの側面観察を強制的に試みた

6.3 3D 像再構築の実際

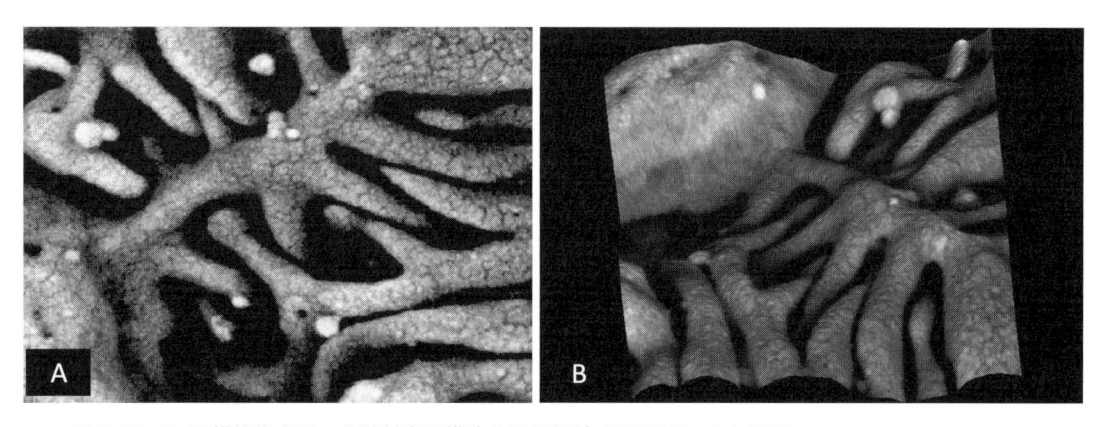

図 6.11 3D 再構築像を用いた試料表面構造の凹凸判断（試料提供：牛木辰男）

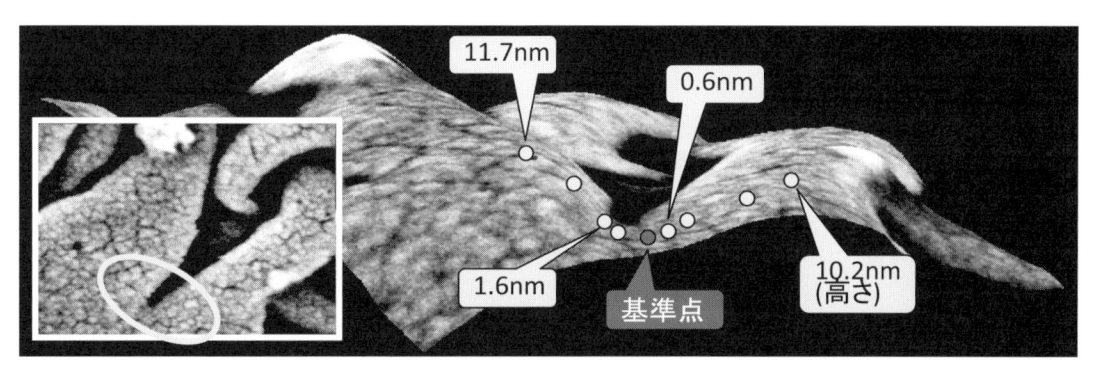

図 6.12 高倍率観察時における試料表面構造の高さ計測（試料提供：牛木辰男）

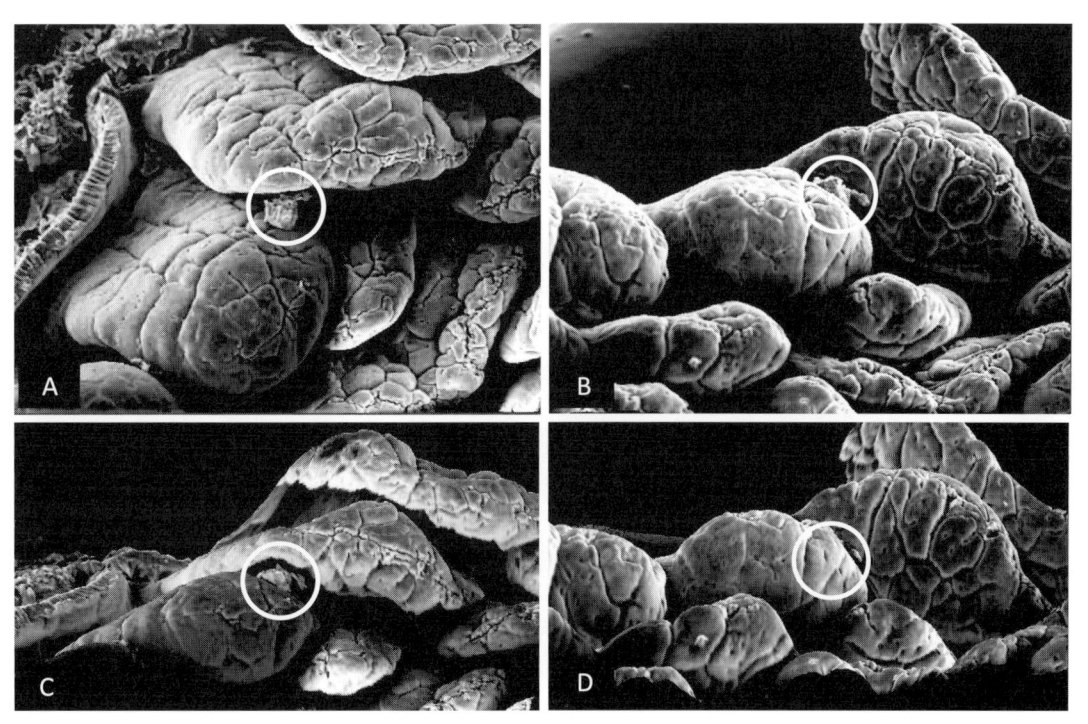

図 6.13 3D 像再構築法とユーセントリック試料傾斜ステージを組み合わせた 3D 観察（試料提供：牛木辰男）

(C).当然，極端な像歪が観察され実用性はない．(B)のSEM像と比較するとその程度が著しいことが確認できる．それとは対比的に，(B)を3D化した画像をコンピュータ上でさらに傾斜させて(D)に示すように観察した．この場合には，必要な3D情報が含まれているので，いくぶん歪があるものの観察に耐えうる画像が得られている．

このように，3D像再構築法とユーセントリック試料傾斜ステージを用いれば，凹凸の激しい構造をもつ試料に対しても実用性のある3D像が期待できる．言い換えれば，いくつかの試料傾斜角度で取得したSEM像（正規化反射電子差信号）があれば，信号取得後でも様々な別アングルの3D-SEM像が簡単に得られることになる．

6.3.7 まとめ

顕微鏡分野には様々な方式の3D法が存在し，それぞれに長所をもつ．本章で述べた4チャンネル検出器による方法の特長をまとめると，以下の2点になる．

① 反射電子信号による，低真空・低加速のSEM条件を用いることができるので，その点では試料に対する制約がかなり少なくなる．

② 最高分解能は他の顕微鏡に譲るとして，SEMの水平分解能を維持したままで，SEM観察と同一部分の高解像度（高画素数）3D再構築像が短時間で容易に得られる．

本手法には，原理的に測定が苦手な表面形状が存在する．しかし，試料の性質を十分に反映した実験式を求め，かつ，検出器システムの調整が適切であれば，利用価値の高い結果が期待できる．これから解決すべきことは，高さ計測準備段階までのユーザーの負担を減らすことである．この負担軽減は，測定値の安定化にも間接的に寄与し，装置活用の裾野を広げるだろう．それに加えて，より複雑な表面構造に対する像再構築性能を向上させることが望ましい発展の方向性と考える．

文 献

1) Boyde A.：Measurement of specimen height difference and beam tilt angle in anaglyph real time stereo TV SEM systems, *Proceedings of the Eighth Annual Conference on Scanning Electron Microscopy Symposium*, edited by O. Johari. Chicago：IIT Research Institute, 189-198, 1975
2) Holburn D. M., Smith K. C. A.：Topographical analysis in the SEM using an automatic focusing technique, *J. Microsc.*, **127**, 93-103, 1982
3) Lebiedzik J.：An automatic topographical surface reconstruction in the SEM, *Scanning*, **2**, 230-237, 1979
4) 田口佳男，小俣有紀子：電子線を用いた表面形状評価技術，表面技術，**57**, 564-568, 2006
5) Oho E., Suzuki K.：3D-scanning electron microscopy for biological samples with the functions of image observation, reconstruction and quantitative measurement, *XXI International Symposium on Morphological Sciences*（Taormina-Messina, Italy）, 52-53, 2010
6) 日本顕微鏡学会関東支部編：新・走査電子顕微鏡, 192-195, 共立出版, 2011

II. 走査型電子顕微鏡のステレオ 3D イメージング

走査型電子顕微鏡（SEM）は，電子線を試料表面に照射しながら xy 平面に走査することにより，観察物の表面形状を立体的に表示することを可能にした電子顕微鏡である[1]．したがって，立体的に複雑な配置をとる細胞や組織の構造の解析に，これまで大いに役立ってきている（図6.14）[2,3]．

ところで，通常の SEM 像は，そのままではカメラで写した写真のように単眼視の情報のため，SEM 本来の 3 次元画像が十分に生かされているとはいえない．しかし，なんらかの方法で視差角（輻輳角）の異なる 2 枚の画像を得ることができれば，3D イメージング（立体視）が可能である．

ここでは，SEM の基本構造を簡単に述べてから，立体視のための基本手技について解説する．

◆ 6.4　SEM の原理 ◆

SEM は透過型電子顕微鏡（TEM）と同様に，像形成に電子線を利用している（図6.15）．その際，電子線は光線のようにガラスのレンズで屈折させることができないので，磁石（電磁石）を用いて磁場で屈折・収束させている．この磁石を電子レンズと呼んでいる．この収束させた電子線を導電性のある固体試料表面に照射すると，試料の表面から，二次電子，反射電子，特性X線，陰極蛍光（カソードルミネッセンス）などの種々の信号が放出される．通常の SEM では，これらのうち最も信号量の多い二次電子を専用の検出器（二次電子検出器）により検出する．その際，電子ビームを偏向コイルにより試料の xy 平面上で走査させることで，試料表面の各部位から生じた二次電子を検出することができる．この二次電子の発生量の差を明るさの差と

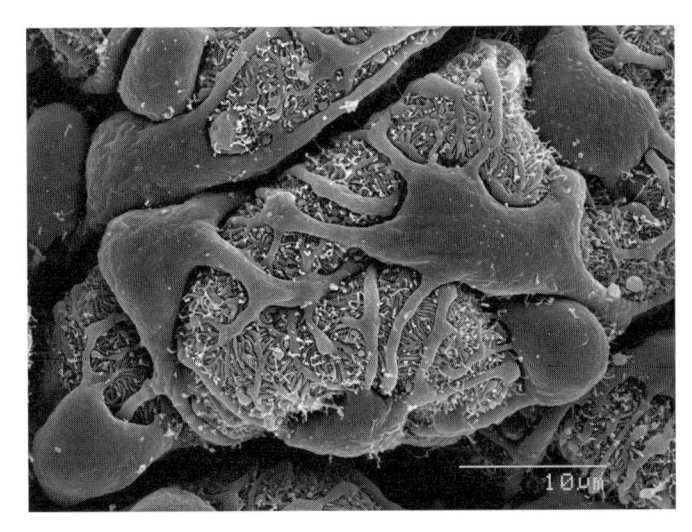

図 6.14　SEM で観察したバイオ試料の例
SEM では組織の立体構造を解析することができる点が特徴である（ラット腎糸球体）．

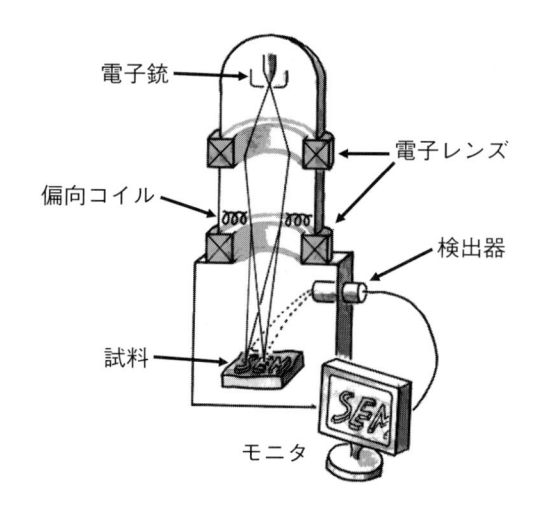

図 6.15 SEM の基本原理を示す模型図
SEM では，電子銃から放出した電子線を電子レンズで集束させながら試料表面に照射する．その際，偏向コイルで電子線を xy 方向に走査し，それぞれの照射部位から放出された二次電子を検出器で信号として検出している．この図では SEM の鏡体の中を真空に保つための排気系と，コンピュータを含む制御系は描かれていない．

して画像表示したのが一般的な SEM 像（二次電子像）である．

　二次電子は入射電子によって試料内部からはじき出される電子で，その放出率は試料表面の凹凸形状に依存している．たとえば，入射ビームに対して試料表面の傾斜角度が大きいと 2 次電子放出率が増加し，その部分が画像としては明るく見える（傾斜角効果）．また，試料面に見られる突起物の先端部や，ステップ上の段差がある部位も二次電子の放出量が増すので周囲より明るく見える（エッジ効果）．その結果，SEM の画像は試料の立体形状を反映することになる．

◆ 6.5 サンプルチルト法によるステレオ 3D イメージング ◆

　SEM においては，試料に電子線が入射する方向が視点に当たる．つまり，SEM で得られる画像は電子銃の位置から試料を眺めたような像となる．これは，カメラ撮影に置き換えた場合，カメラの位置を試料に対して固定して撮影しているような状態を示している．したがって，通常の SEM では視差角（輻輳角）の異なる 2 画像を得るためには，試料を機械的に少し傾ける必要が生じてくる（図 6.16）．このような方法をサンプルチルト法（試料傾斜法）と呼んでいる[4]．
　このようなサンプルチルト法においては，3D イメージングに適した試料の傾斜が最も重要である．最近市販されている SEM の試料ステージは，xyz 軸での試料移動とともに，試料の回転，試料の傾斜ができる 5 軸のステージになっているものが一般的であるが，実際は機種によって様々であるため，その特徴をよく理解する必要がある．
　とくに撮影に当たっては，まず傾斜軸が画面のどの方向にあるかを確認する必要がある．3D イメージングにはこの傾斜軸に対して異なる角度で撮影した同一視野像を用いることになる．一般に観察画面の上下方向に試料が傾くようにできている装置が多いので，この場合は撮影した画像を 90°回転させて，立体視に利用する．また，スキャンローテーション（ラスターローテーション）機構を有した装置においては，これを利用して画面左右方向に試料が傾くように設定することも可能である．

6.5 サンプルチルト法によるステレオ3Dイメージング

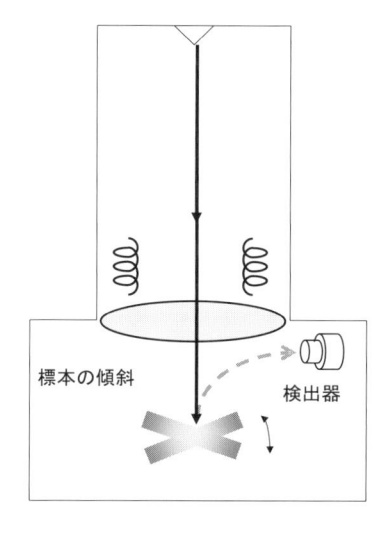

図 6.16 サンプルチルト法による SEM のステレオペア撮影法
まず1枚目を撮影した後に,試料を 4〜8° 傾けて,同一視野を再度撮影することによりステレオペア像を取得する.

2°

4°

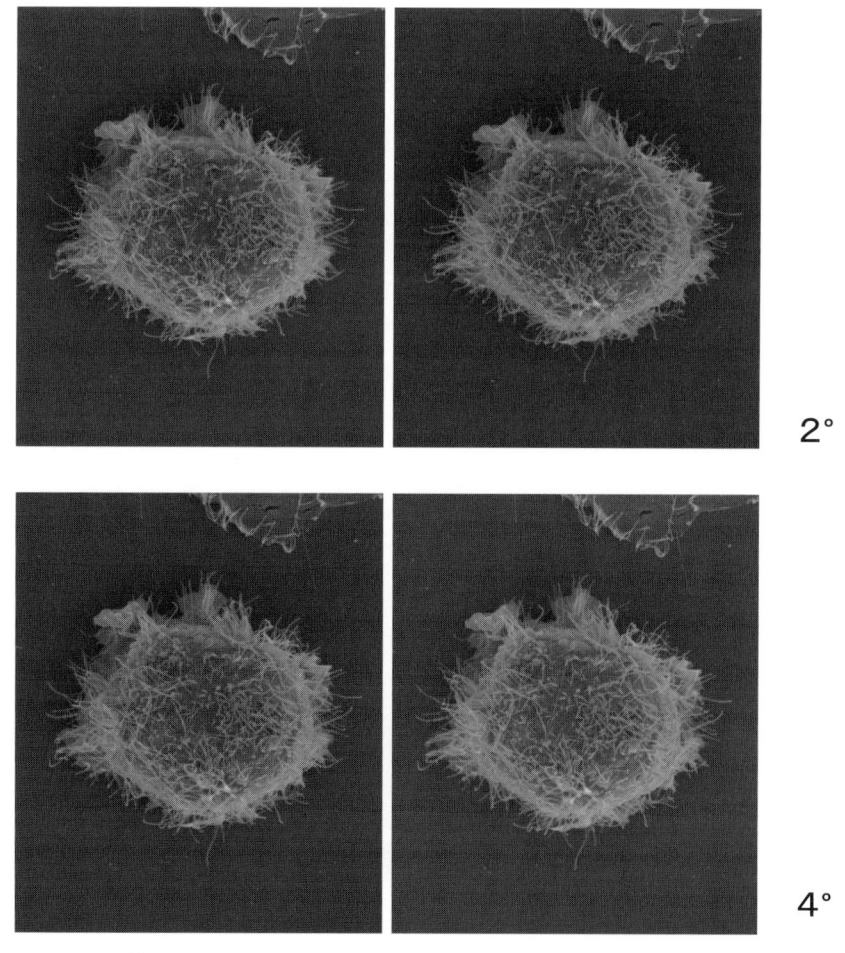

図 6.17 傾斜角度が異なるステレオペア像(平行視)
上図は傾斜角度が 2°,下図が 4°.

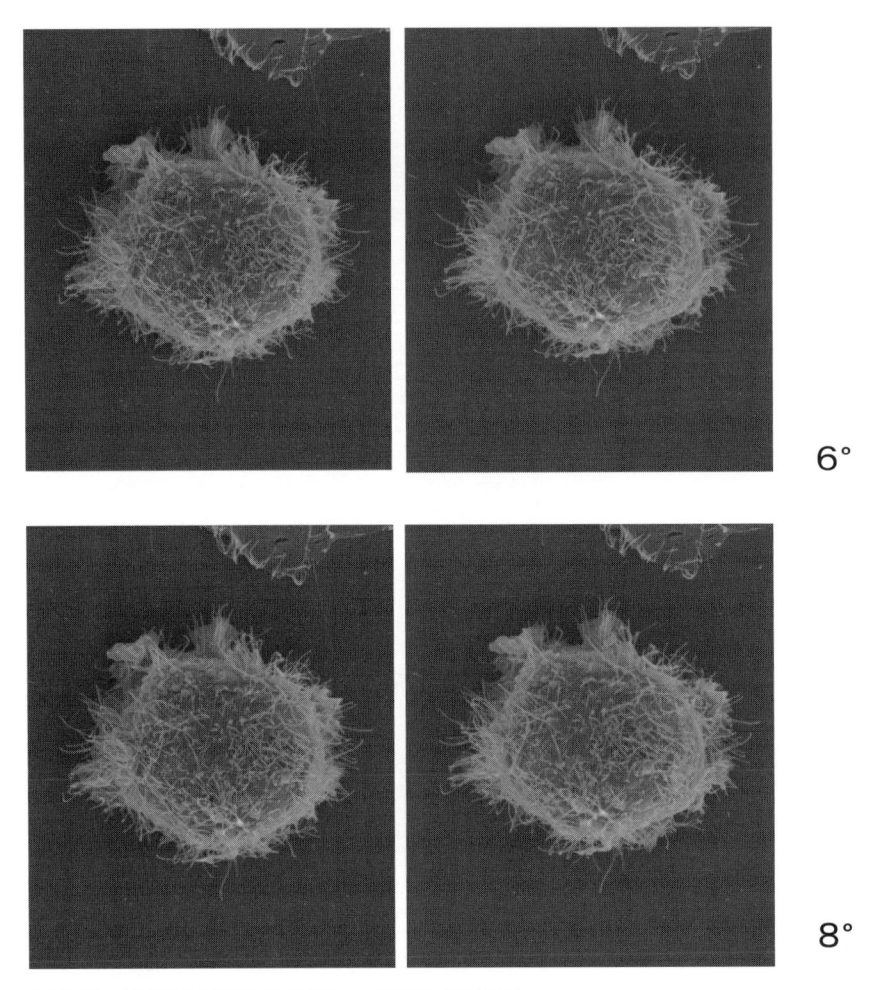

図 6.18 傾斜角度が異なるステレオペア像（平行視）
上図は傾斜角度が 6°，下図が 8°．

　傾斜角の異なる同一視野を撮影する場合に注意しなければならない次の点は，正しく同一部位を撮影することである．これについてはユーセントリック試料ステージを用いている場合は，試料を傾けても像が逃げないので簡単である．しかしユーセントリック機能がないものや，調整が行われていない場合は，試料を傾けることで視野が動いてしまうので，慎重に位置を確かめる必要がある．また，傾斜によりフォーカスがずれることがあるが，この場合 SEM の構造上，フォーカスねじ（ボタン）は動かさずに，z 軸の移動によりフォーカスを合わせるようにする．

　なお，2 枚の SEM 像の傾斜角度はきわめて重要である．これは観察する倍率や試料の状態で異なるので，4〜8°程度の範囲で数度ずつ傾けた像をいくつか撮影し，使用する装置で目的に最も合った傾斜角を見出すのが現実的である（図 6.17，6.18）．

　ところで，ステレオペアの立体視は，従来は左右に並べた 2 枚の写真を用いて，裸眼で平行視または交差視するか，あるいは航空写真などで用いる特殊なステレオビュアーで観察するのが一般的であった．そのため万人が自由に立体写真を体感することが思いのほか難しかった．ところ

が最近の液晶モニター技術やコンピュータ技術の発展により，このステレオペアの写真情報を，これまでよりも簡単かつ効果的に表示することが可能になってきている．とくに 3D 用の表示モニターや，専用の 3D プロジェクタを用いるときわめて効果的な立体視が可能であるが，通常のモニターやプロジェクタを用いる場合はアナグリフ表示が有効である（図 6.19〜6.21）．

アナグリフ表示は赤青メガネを用いて立体視する手法であるが，そのアナグリフ画像の作製は，パソコンの普及によりきわめて容易になってきている．つまり撮影したステレオペアをパソコンの専用ソフトで変換したものをパワーポイントなどに貼り付ければ，通常の液晶プロジェクタの環境でも赤青メガネさえあればステレオ上映が可能である．

なお，このように撮影したステレオペア像は当然 1 枚の静止画であるから，もっと脇を見たいと思っても覗き見ることはできないし，もっと拡大したいと思っても，撮影した画像の画素数に規制されてしまう．そこで，ステレオペア像をより効果的にコンピュータで表示する方法も考案されるようになってきている．たとえば数度単位で連続的に傾きを変えて撮影した複数の画像を用いて，パソコン上で自由に画像を回転させることが可能であるし，倍率の異なる複数枚のステレオ画像を利用して，マウスでステレオ画像を自由に操作しながらモニター上で標本を拡大・縮小することなどが可能である．こうしたデジタルコンテンツも作られ始めている[5]．

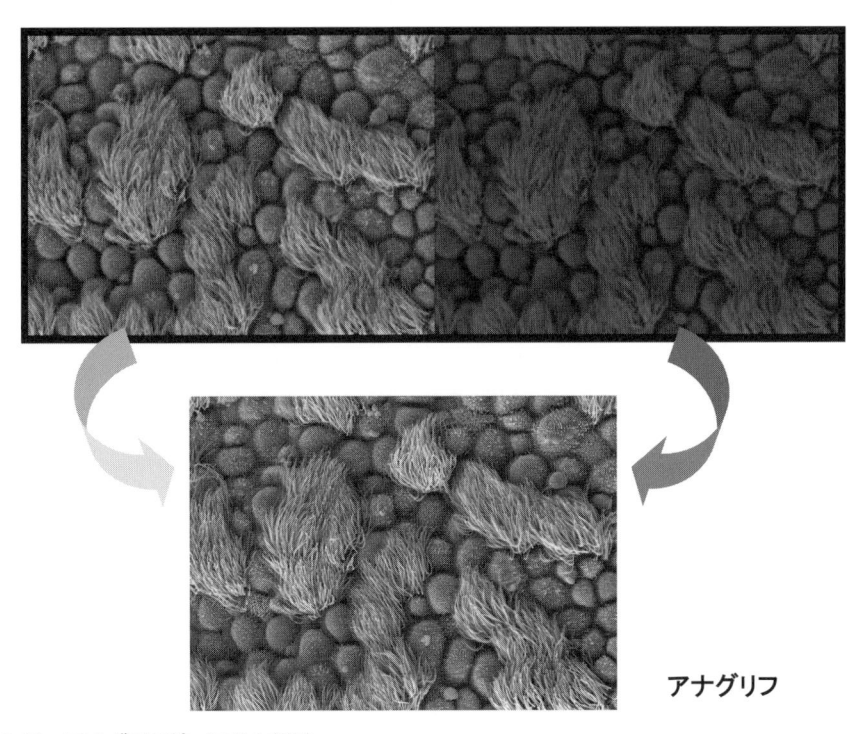

図 6.19　アナグリフ法（口絵 9 参照）
SEM 画像は白黒なので，ステレオペアの右眼像を赤色に，左眼像を青色にして重ね合わせる．この図を投影し，赤青メガネ（左眼が赤，右眼が青）で眺めると立体像として観賞することができる．

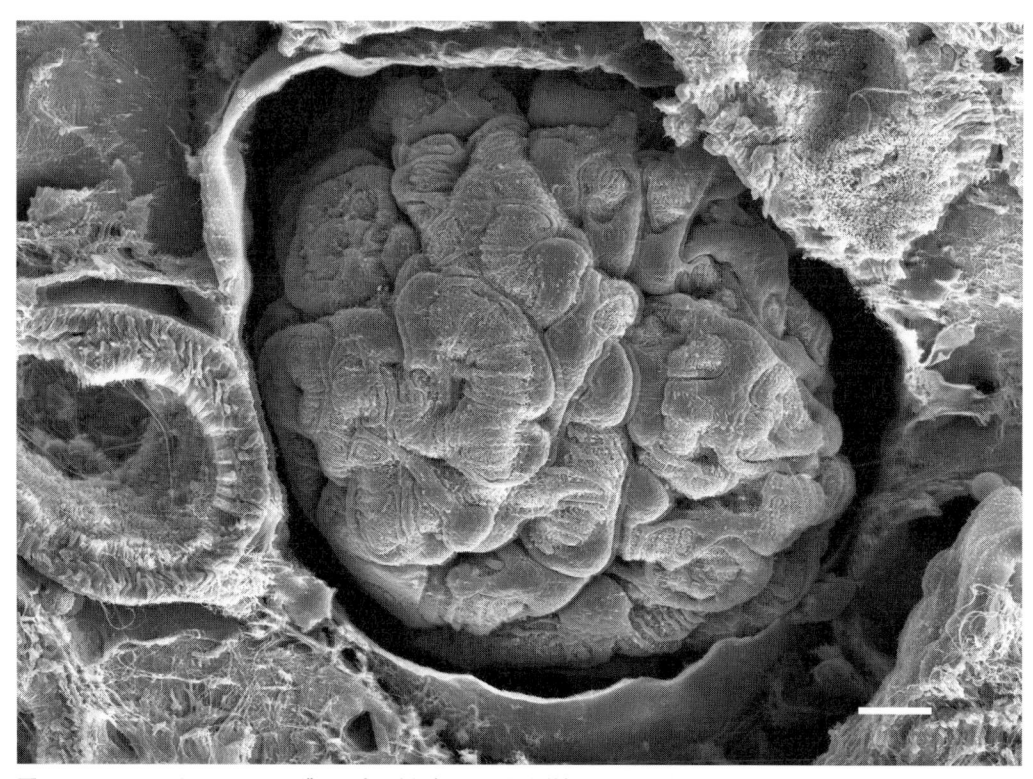

図 6.20 ステレオペアのアナグリフ表示例（ラット腎小体）（口絵 10 参照）
ステレオペア像をコンピュータソフトによりアナグリフ表示させたもの．赤青メガネにより，簡単に立体視ができる．
バーは 10 μm．

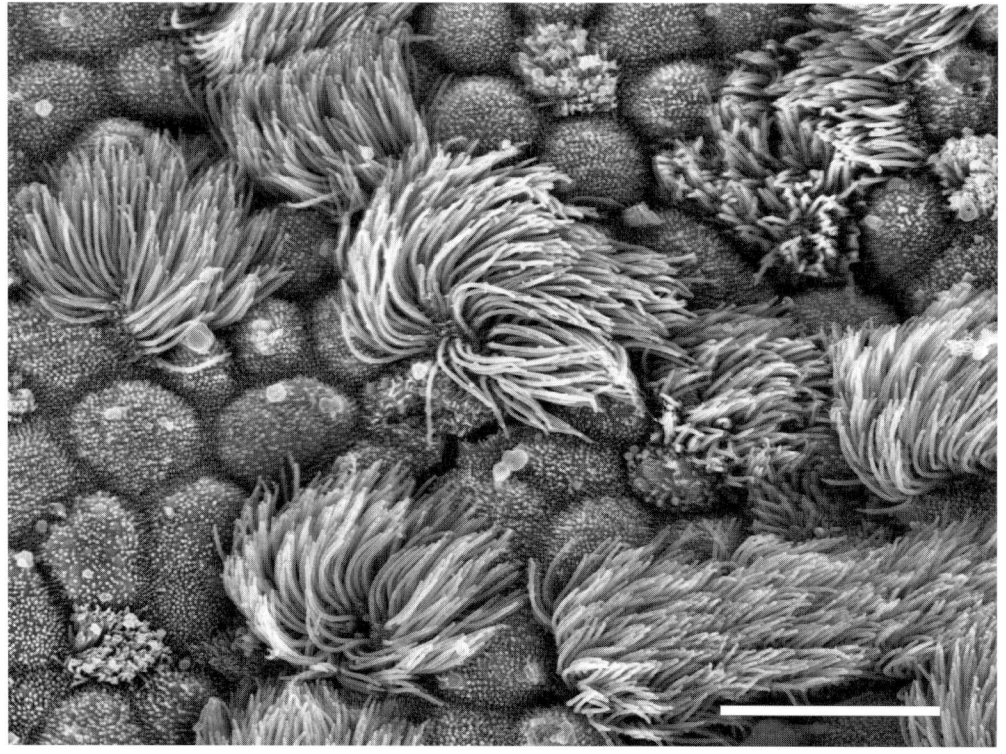

図 6.21 ステレオペアのアナグリフ表示例（ラット気管内腔）（口絵 11 参照）
気管の線毛細胞の線毛がそよいでいる様子が立体的に見えている．バーは 10 μm．

文　献

1) 日本電子顕微鏡学会関東支部編：新・走査電子顕微鏡，共立出版，2011
2) 牛木辰男，甲賀大輔：岩波ジュニア新書 ミクロにひそむ不思議，岩波書店，2008
3) 藤田恒夫，牛木辰男：岩波新書カラー版 細胞紳士録，岩波書店，2004
4) 牛木辰男：走査型電子顕微鏡と細胞・組織の 3D イメージング技術の進展，新潟市医師会報，475，1-8，2010
5) Ushiki T.：Actioforma stereo SEM atlas of mammalian cells and tissues 1. META Corporation Japan, Tokyo, 2009 （http：//www.metaco.co.jp/）

◆ 6.6 ビームチルト法によるステレオ 3D イメージング ◆

6.6.1 ビームチルト 3D-SEM の原理

　走査型電子顕微鏡（SEM）で 3D 観察するためには，前述したように，人間の視差に応じた 2 枚の画像（視差画像）が必要である．SEM で視差画像を取得する方法には，大きく分けてサンプルチルト法とビームチルト法がある[1]．

　サンプルチルト法は，ステージの傾斜機構を有する汎用 SEM であれば，実施可能な点で優位である．しかし，機械的にステージを傾斜しなければならないため，視差画像を取得する際の視野ずれに注意が必要である．また，左右の視差画像を 1 枚ずつ取得するため，リアルタイムでの 3D 観察は不可能である．これは，たとえば SEM 像を 3D 観察しながらマニピュレーションをするなどという使い方には対応できない．一方，ビームチルト法は上記課題を解決し，SEM 観察をリアルタイムでの 3D 観察へと導くことが可能である．

　本項では，リアルタイムの 3D 観察が期待されるビームチルト法の原理から，現在の 3D-SEM の開発状況について解説する．

a. ビームチルトによる視差画像取得法

　ビームチルトを用いて視差画像を取得する方法は，既に 1970 年代に登場しており，TV 画面上で 3D 観察が可能な SEM が紹介されている[2]．ビームチルトの方法については，様々な手法が考案されているが，ここではレンズの集束作用を利用したビームチルト法について紹介する．

　レンズの集束作用を利用したビームチルト法の概略図を図 6.22 に示す．

　図 6.22 に示すチルトコイルにより，角度（ω_o）でチルトされたビームは，対物レンズの主面で離軸量（d_i）となり，チルト角（ω_i）で試料上に集束する．試料上に集束したビームは，チルト角（ω_i）で試料上を走査する．チルトコイルを用いたビームチルトは，1 ライン単位または 1 フレーム単位で左右切替えることができるため，1 回の操作で左右の視差画像を取得することが可能である．その後，取得した左右の視差画像はデータ処理され，アナグリフ表示や 3D ディスプレイなどに表示されることでリアルタイムでの 3D 観察が可能となる．この他，ビームチルト法はチルト方向を任意に設定できるため，試料を機械的に回転させなくても 3D 観察できる点で優れている．

　しかし，いくつかの課題のため，ビームチルト法による視差画像取得法はそれほど普及してこ

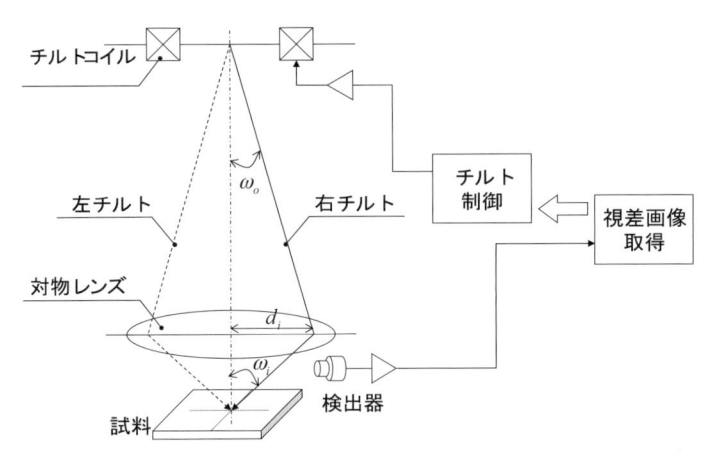

図 6.22 ビームチルト法の概略図
チルトコイルを用いてビームを対物レンズの軸外に入射させる．レンズの集束作用によりチルトしたビームは，試料上を走査し試料から放出される二次電子を検出器で検出し，視差画像を取得する．この図では，ビームチルトに関連する部位以外の SEM 構成は描かれていない．

なかった．

b．ビームチルト法の課題

通常の SEM 観察は，対物レンズの中心（軸上）にビームを通過させるように制御する．しかし，ビームチルト法はレンズの集束作用を利用するため，対物レンズの中心から離れた場所（軸外）にビームを通過させる必要がある．このときビームチルトに伴う収差が発生し，分解能が低下する課題がある．

ビームチルト時の分解能（R_{eso}）は，以下の式（2乗平均法）により求めることができる．

$$R_{eso} = \sqrt{\Delta W_{S0}^2 + \Delta W_{RL}^2 + \Delta W_{C1}^2 + \Delta W_{C0}^2 + r_d^2 + (r_{ss})^2}$$

ただし，球面収差：ΔW_{S0}，コマ収差：ΔW_{RL}，軸外色収差[※1]：ΔW_{C1}，軸上色収差：ΔW_{C0}，回折収差：r_d，試料上光源径：r_{ss}．（※1：倍率色収差と回転色収差の和）

上記式を汎用 SEM に適用した場合の計算結果を図 6.23 に示す．ここで，汎用 SEM とは，熱電子銃を搭載した SEM のことである．図 6.23 より，ビームチルト時に分解能を低下させている原因は，コマ収差および軸外色収差である．なお，球面収差，軸上色収差，回折収差はビームチルト角に依存せず $w_i = 0°$ でも発生する収差である．これらの収差は，ビームチルト時の分解能低下に対する影響が小さいため，図示していない．また，非点収差は非点収差補正器により補正できるとして，分解能の計算からは除外した．

ビームチルト角 3° のとき，分解能は 150 nm 程度となり，観察倍率に換算すると 2,000 倍程度まで制限される．また，実際にビームチルト法で取得した画像を図 6.24 に示す．

c．3D-SEM の現状

ビームチルト法を用いた 3D-SEM は，ビームチルトに伴う収差の影響により分解能が低下することは既に述べた．現在，より高倍率の 3D 観察を可能とするため，分解能低下の要因となっ

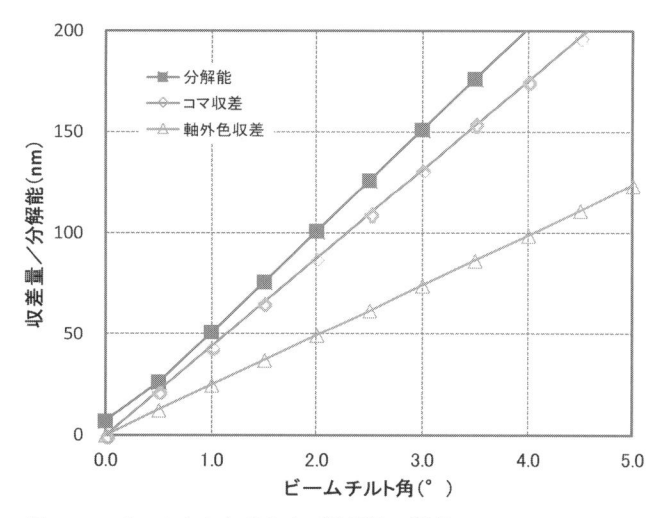

図 6.23　チルト角と収差および分解能の関係

ビームチルト角と収差および分解能の関係を示す．計算条件は，作動距離（Working Distance）＝5.0 mm である．軸外収差のコマ収差と軸外色収差は，チルト角に依存して増大する．その他の球面収差，軸上色収差，回折収差はチルト角に依存せず一定である．よって，ビームチルト時の分解能低下は，コマ収差と軸外色収差により引き起こされる．
ここで非点収差は，非点収差補正器により補正できるとして，分解能の計算からは除外した．

A 視差画像（平行法）

B 視差画像（交差法）

図 6.24　ビームチルト法で取得した視差画像

ビームチルト法で取得した視差画像である．取得倍率は 1,000 倍である．

ているコマ収差,軸外色収差の発生を抑えた3D-SEMが考案されているので紹介する[3,4].分解能の低下を抑えた3D-SEMの概略図を図6.25に示す.

これまでの3D-SEMからの変更点は,対物レンズから見て電子源側に,ビームチルトに伴う収差を低減するためのレンズ(収差低減レンズ)と,チルトコイル2が追加されていることである.収差低減レンズとチルトコイル2を用いて,図6.25に示すような光学系を実現する.ビームチルトに伴い対物レンズで発生するコマ収差,軸外色収差を低減させるため,これらと同じ大きさかつ逆方向の収差を収差低減レンズで発生させる.各光学要素の形状,配置,動作条件を最適化することにより,収差が低減され,高倍率の3D観察が可能となる.

ここで,収差低減前と低減後の計算結果を図6.26に示す.前述の150 nm程度の分解能が15 nm程度まで改善し,観察倍率にして20,000倍を達成できる見込みとなる.

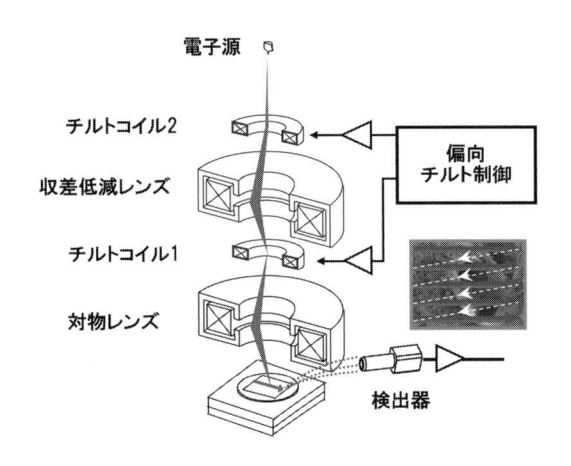

図6.25 高倍率観察3D-SEMの構成
対物レンズで発生するコマ収差,軸外色収差を低減するための専用レンズ(収差低減レンズ)とチルトコイル2を追加した,高倍率の3D観察が可能な3D-SEMの構成を示している.

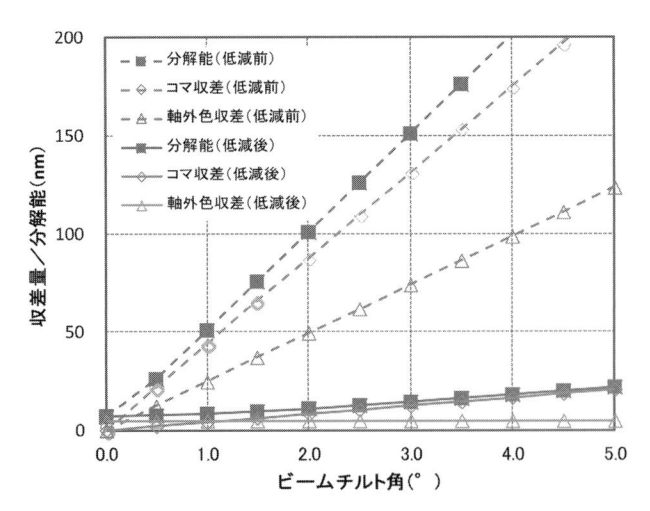

図6.26 チルト角と収差および分解能の関係2
コマ収差,軸外色収差を低減した場合のビームチルト角と収差および分解能の関係を示している.収差低減レンズは,対物レンズで発生するコマ収差,軸外色収差を低減し,ビームチルト時の分解能低下を抑えている.

文　献

1) 小竹　航：ステレオ SEM 法（日本電子顕微鏡学会関東支部編），新・走査電子顕微鏡，116-120，共立出版，2011
2) Pawley J. B.：Design and performance of presently available TV-rate stereo SEM systems, Scanning Electron Microscopy, 1978
3) 牛木辰男他：力覚制御による体感型 3D ナノ解剖バイオ顕微鏡の開発，日本顕微鏡学会第 65 回学術講演会予稿集，p. 96，2009
4) 伊東祐博他：リアルタイムステレオ SEM の実用化開発，日本顕微鏡学会第 66 回学術講演会予稿集，p. 179，2010

6.6.2　ステレオ 3D イメージングとマニピュレーション

SEM は，単に顕微観察のみに用いるだけでなく，SEM 試料室内で動作するマニピュレータを組み込むことで，試料を観察しながらマニピュレーションすることが可能である．これらは半導体デバイスや先端材料における電気特性評価，またバイオ試料の顕微解剖などに利用されている．しかしながら SEM で観察しながらマニピュレータを使用した場合，通常の SEM 画像では試料内の奥行を感じることができないために，マニピュレータのツール先端と試料表面との距離を誤ってしまうことが多く，その結果ツール先端を試料表面にしばしば衝突させ，試料を損傷させてしまう．よってマニピュレーションを行う場合は，実体顕微鏡のように試料をステレオ視しながら動作できれば操作性の向上が期待できる．

本項では，リアルタイムでステレオ観察が可能な 3D-SEM[1]を用いたマニピュレーション技術について，筆者らにより開発された SEM の真空チャンバー内ステージ上に搭載可能な小型の原子間力顕微鏡（atomic force microscope：AFM）をベースとしたマニピュレータについて紹介し，その有用性について述べる．

a. SEM 内で動作する小型 AFM マニピュレータ

AFM とはレンズの代りに鋭い探針（プローブ）を用い，探針先端と試料間の相互間力（原子間力）を制御しながら試料表面上を走査して表面凹凸画像を取得する顕微鏡である．一般に AFM では探針はカンチレバー（板バネ）の先端についており，探針・試料間の力の変化（z 方向の変位）を，カンチレバーのたわみ変位量として検出している．近年，AFM はイメージングツールとしてのみならず，微細加工やマニピュレータとしての利用を目的とした技術開発も盛んに行われている[2]．そこで，我々は SEM との複合により実現した AFM マニピュレータシステムを開発した[3〜6]．本装置は SEM 観察しながら AFM プローブを観察対象に位置決め後，そのまま表面形状の AFM イメージングが可能である．また，AFM をマニピュレータとして微細加工に用いる際にも SEM でモニタリングしながら動作可能である．さらにリアルタイムでステレオ観察が可能な 3D-SEM を用いることで，マニピュレーションの際にプローブと試料表面の距離を立体的に認識できるため，プローブを誤って試料に衝突させて破損することがないなど，高い操作性を有している．

本研究で開発した AFM 型マニピュレータを図 6.27 に示す．寸法は縦×横×高さが約

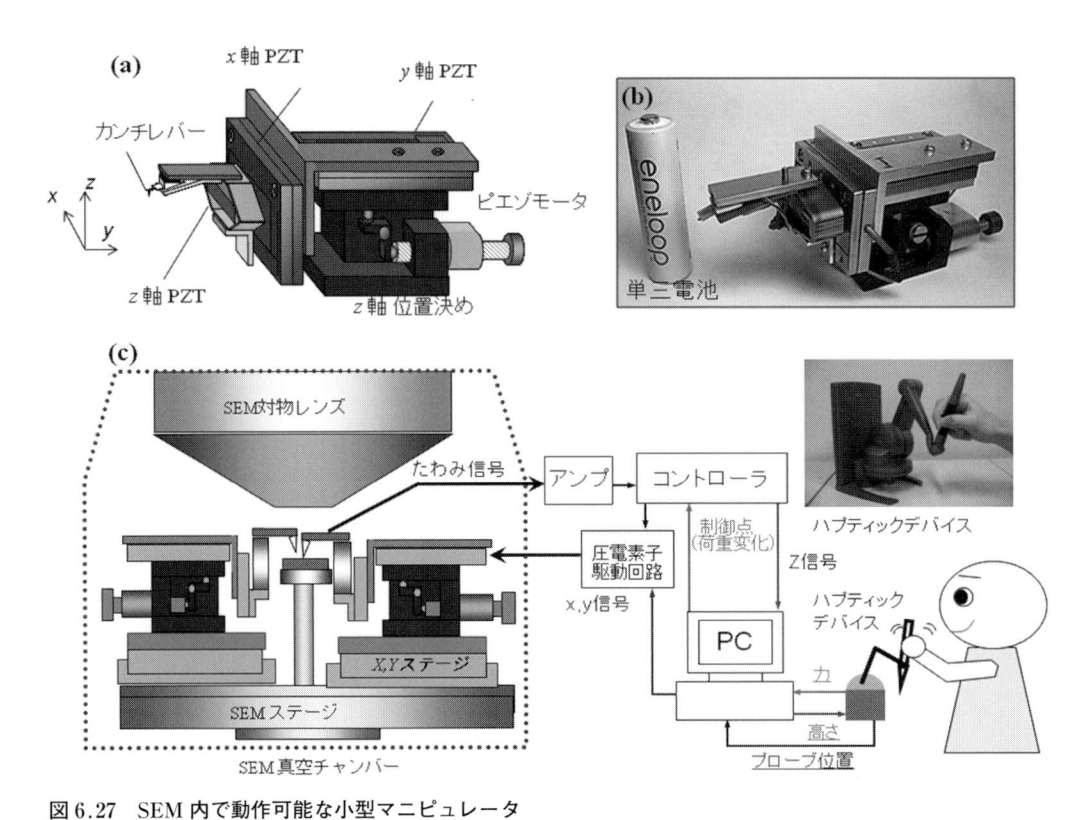

図 6.27 SEM 内で動作可能な小型マニピュレータ
(a) マニピュレータ本体，(b) マニピュレータ本体写真，(c) ハプティックデバイスによる力覚制御を用いた装置構成

50×30×35 mm であり，SEM 試料台への搭載可能なサイズである．通常 AFM におけるカンチレバーのたわみ検出は一般には光テコなど光学系を用いるが，本装置では SEM との同時測定において対物レンズの直下にカンチレバーが位置するため光学系を構成する空間を確保できない．よって，ここでは歪抵抗を有する自己検知型カンチレバーを用いることでシンプルな装置構成を実現しており，対物レンズと試料台の狭いスペースにカンチレバーを挿入した形で動作できる．AFM ユニットはプローブの位置決め粗動機構と微動・走査機構を有したスタンドアロン型であり，スキャナーは各軸 50 μm 以上のストロークを有しているため，生体細胞の顕微解剖も可能である．また本マニピュレータは AFM カンチレバー以外にもマイクロニードル（顕微解剖針）やナノピンセットなど機能性を有するナノツールを取り付けることで，様々な作業に対応可能である．

　AFM 型マニピュレータを用いて顕微解剖や微細加工などを行う場合，通常は複雑な装置操作が要求される．本装置はこうした場合のオペレータの操作性向上を考慮したヒューマンインターフェイスとしてハプティックデバイス（力覚デバイス）を用いた制御システムを開発した[7]．これにより AFM 動作においてカンチレバーにより検出された微弱な力信号をハプティックデバイスのハンドルを通してオペレータは指先に感じることができ，表面凹凸情報を把握することができる．

b. AFM イメージングとマニピュレーション

本装置を用いて SEM 内でバイオ試料のマニピュレーションを行った結果について示す．

カンチレバーを試料表面に近づける際，3D-SEM によるステレオ画像を観察しながら AFM カンチレバーをアプローチすると試料表面とプローブの距離感を感じながら操作できる．図 6.28 はステレオ観察の有無での比較を表している．試料はラットから採取した腎臓の組織標本である．通常の SEM 像（図 6.28 (a)）ではカンチレバーと試料表面の距離を認識できないが，ステレオ SEM による 3D イメージング（図 6.28 (b) アナグリフ）では，カンチレバー先端は試料表面から上方へ幾分離れた位置にあることが把握できる．また，試料表面の凹凸の様子も認識できる．このように 3D イメージングを用いることで試料表面との奥行を感じながらツールを操作できることがわかる．

図 6.29 は SEM で観察しながら，カンチレバーを腎糸球体の定めた場所にアプローチして AFM 観察した結果である．図 6.29 (c) は図 6.29 (b) における糸球体表面上の i 領域枠を走査して取得した表面形状像である．毛細管表面の形態が鮮明にイメージングできていることがわかる．このように SEM で観察しながら特定の部分を AFM 観察することが可能である．

次に AFM をマニピュレータとして用いた結果について示す．図 6.29 (d) は図 6.29 (b) における糸球体表面上の ii 領域枠を強い加重を印加した状態でスクラッチ走査することで，毛細管表面に穴を開けた結果である．この SEM 像より，走査した領域に穴が開いており，毛細管の内部構造を観察できる．このように本装置は AFM イメージングのみでなく，微細加工などのマニピュレーションが可能である．

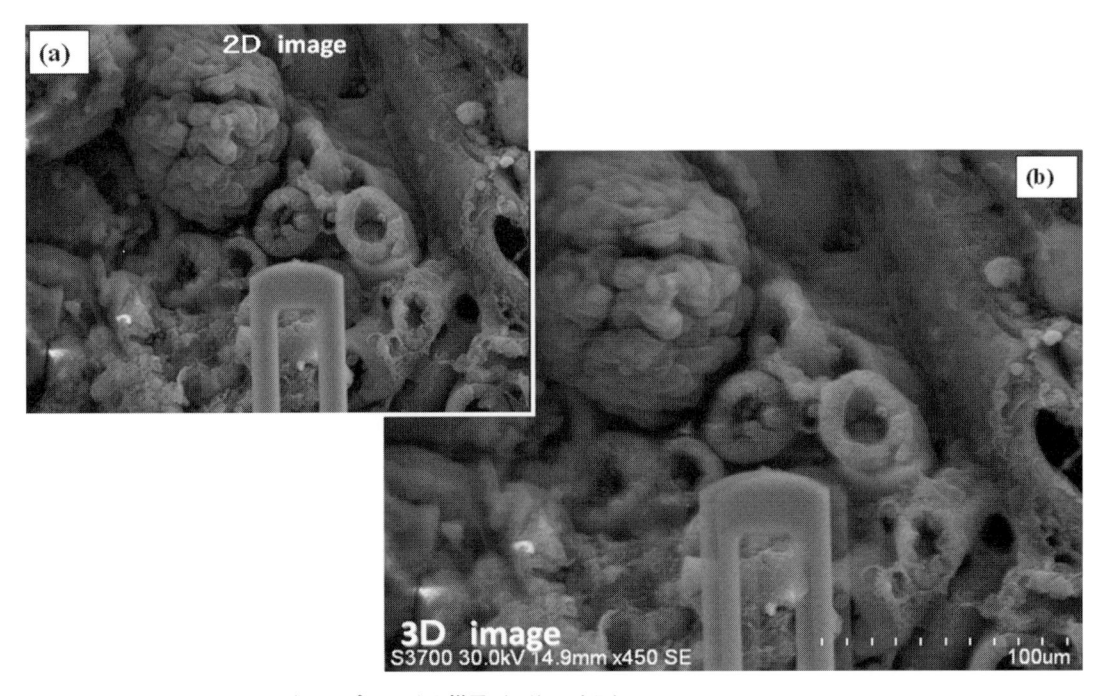

図 6.28 AFM カンチレバーアプローチの様子（口絵 12 参照）
(a) 2D SEM 像（通常の SEM 像），(b) 3D-SEM 像（アナグリフ）

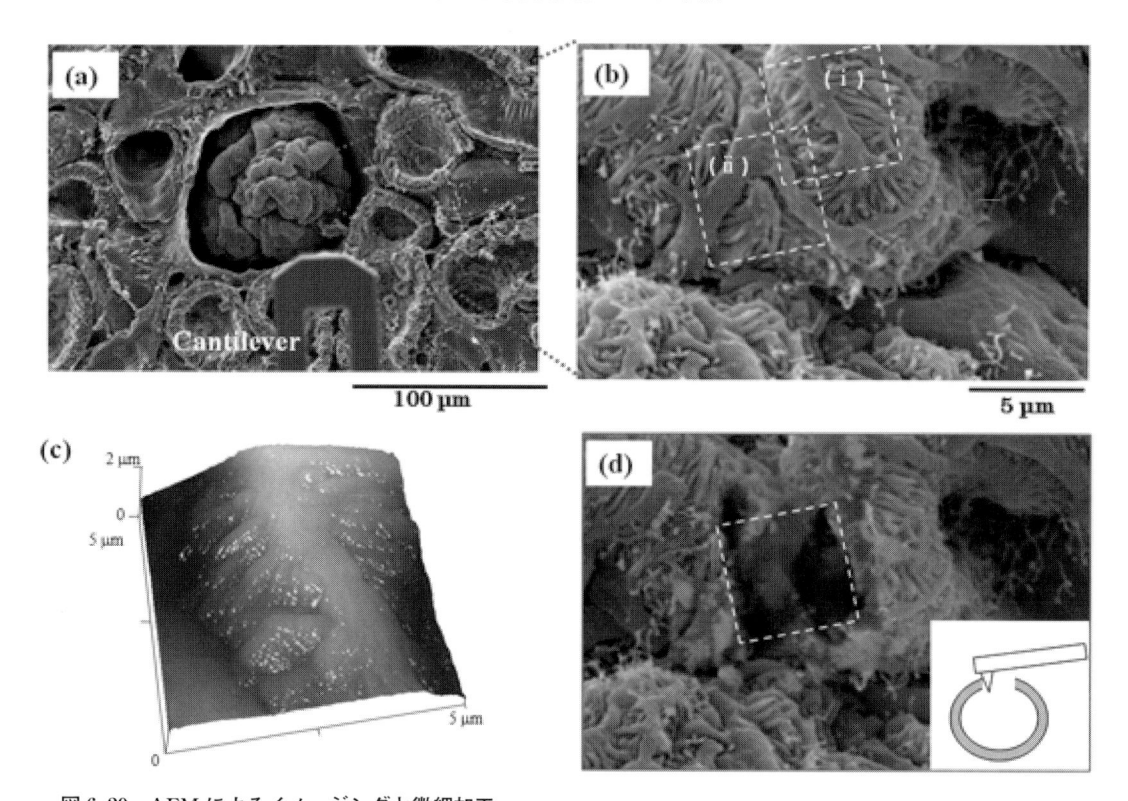

図 6.29　AFM によるイメージングと微細加工
(a) カンチレバー位置決めの様子，(b) ラット腎臓糸球体の毛細管の表面，(c) 上記 (b) 像の i 領域枠の AFM イメージング結果，(d) 上記 (b) 像の ii 領域枠の加工（顕微解剖）結果

c. ステレオ SEM 観察下での顕微解剖

本装置を用いてリアルタイムステレオ SEM による 3D イメージングを行いながら，顕微解剖を行った結果について示す．図 6.30 はゼブラフィッシュ稚魚の表皮を剥離した様子である．マニピュレータのツールとしてマイクロスケールのニードルとピンセットを用いて作業を行った．図 6.30（a）（アナグリフ）はゼブラフィッシュの 3D 画像である．標本とマニピュレータツールの奥行が把握できることでお互いの距離を認識できる．図 6.30 は顕微解剖中の様子である．図 6.30（b）と（c）（アナグリフ）はそれぞれ通常の SEM 観察（2D 画像）とステレオ SEM 観察であるが，3D 画像である図 6.30（c）はニードル先端と標本表面の微妙な距離感を認識できる．図 6.30（d）はナノピンセットを用いて表皮をつまみ，剥離する様子の 3D 像である．このようにツールと標本との距離や表面凹凸の詳細を認識しながら操作できる 3D イメージングを行うことで，ゼブラフィッシュ内部には損傷を与えないで表皮のみを剥離するような精巧な作業も可能である．

本項では SEM 観察しながら動作可能なマニピュレータの開発について述べた．本装置は AFM イメージングのみならず，先端のカンチレバーの部分をマイクロニードル（解剖針）やナノピンセットに交換することで複雑な凹凸を有する試料においても微細加工や顕微解剖が可能と

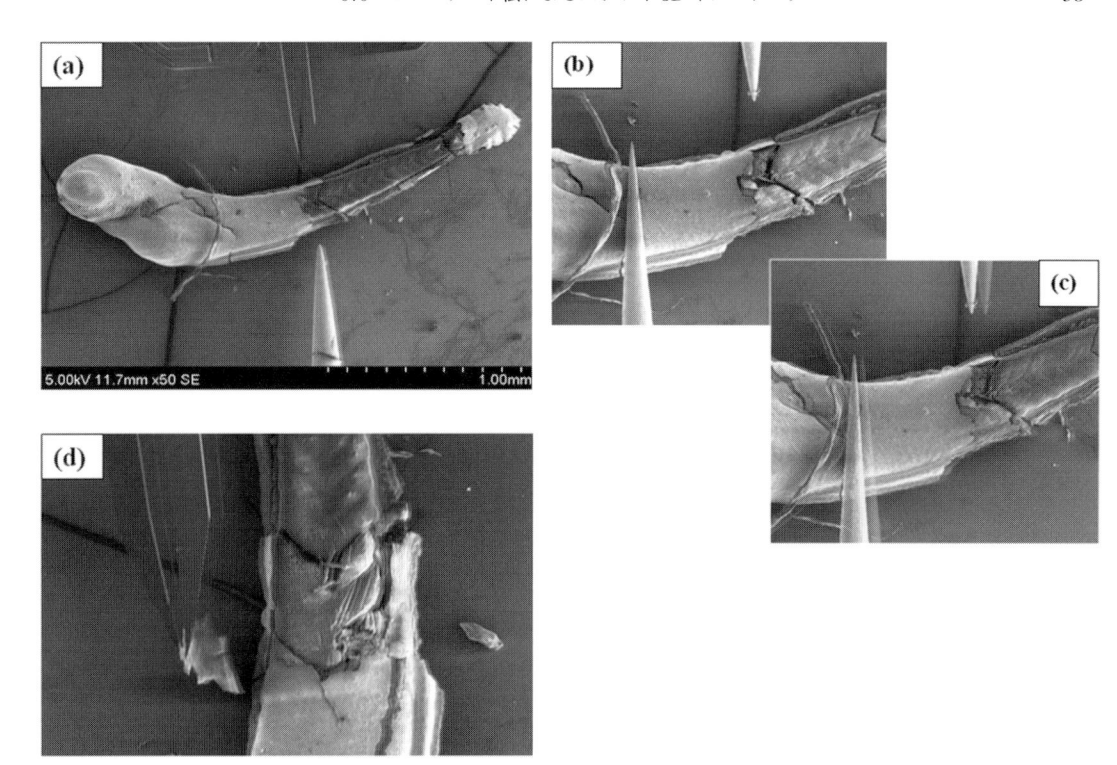

図 6.30 ゼブラフィッシュ稚魚の顕微解剖（口絵 13 参照）
(a) ゼブラフィッシュ稚魚の 3D 像（アナグリフ），(b) 2D 像，(c) 3D 像（アナグリフ），(d) ナノピンセットを用いた解剖の 3D 像（アナグリフ）

なることを示した．とくに奥行が認識できるステレオ観察可能な 3D-SEM を用いたマニピュレーションではツールと試料表面の距離感を把握しながら作業を行える点で操作性を大いに向上できたことから，きわめて有効な手段である．

文 献

1) 岩田 太，佐々木 彰：微細加工ツールとしてのプローブ技術，応用物理，**73**（4），490-493，2004
2) 伊東祐博他：リアルタイムステレオ SEM の実用化開発，日本顕微鏡学会第 66 回学術講演会予稿集，p.179，2010
3) 牛木辰男他：力覚制御による体感型 3D ナノ解剖バイオ顕微鏡の開発，日本顕微鏡学会第 65 回学術講演会予稿集，p.96，2009
4) 岩田 太：電子顕微鏡内で動作する顕微解剖用小型 AFM の開発，機械学会誌，**112**（10），850，2009
5) Iwata F., Kawanishi K., Aoyama H., Ushiki T.：Development of a nano manipulator based on an atomic force microscope coupled with a haptic device：a novel manipulation tool for scanning electron microscopy, *Arch. Histol. Cytol.*, **72**, 271-278, 2009
6) Iwata F., Mizuguchi Y., Ko H., Ushiki T.：Nanomanipulation of biological samples using a compact atomic force microscope under scanning electron microscope observation. *J. Electron Microsc.*, **60**, 359-366, 2011
7) Iwata F., Ohara K., Ishizu Y., Sasaki A., Aoyama H., Ushiki T.：Nanometer-scale manipulation and ultrasonic cutting using an atomic force microscope controlled by a haptic device as a human interface, *Jpn. J. Appl. Phys.* **47**, 6181-6185, 2008

7 走査型プローブ顕微鏡による 3D 表示

[牛木辰男]

走査型プローブ顕微鏡（scanning probe microscopy：SPM）は，レンズの代りに鋭い探針（プローブ）を用いて画像を得る顕微鏡の総称で，1981 年にスイスの IBM 研究所の Binnig 博士と Rohrer 博士によって発明された走査型トンネル顕微鏡（scanning tunneling microscope：STM）に端を発する[1]．この STM は，金属の探針を金属試料の表面に近接させて探針・試料間にバイアス電圧をかけることで，探針・試料間にトンネル電流を生じさせ，それを制御しながら探針（または試料）を走査するものであった．これにより試料表面の原子配列をイメージングすることに成功し，その有用性がクローズアップされた．

その後，STM を発展させて，探針・試料間の相互間力を測定・制御することで試料の表面情報をイメージングする方法が考案された．原子間力顕微鏡（atomic force microscope：AFM）と呼ばれるこの顕微鏡の出現により[2]，探針・試料間の多様な物理量を用いた顕微鏡が次々と考案されるようになり，これらの顕微鏡をまとめて SPM と呼ぶようになったわけである．

ここでは，この中で最もバイオイメージングに利用されている AFM について，その原理を簡単に述べ，この顕微鏡を用いた 3D イメージングについて述べる．

◆ 7.1 AFM の原理 ◆

既に述べたように，SPM は従来の顕微鏡のようなレンズ（光学レンズや電子レンズ）をもたず，代りに鋭くとがった針（探針）で試料表面をなぞりながら，その表面情報を測定する（図 7.1）．その際，探針を制御するために，探針・試料間に生じる力学的な相互作用を利用しているのが AFM である[3]．

現在最も一般的な AFM では，探針は小さいカンチレバー（板バネ）の先端に付けられており，探針・試料間に生じる力の変化（z 方向の変位）を，カンチレバーのたわみや振動の変位量として検出する（図 7.2）．この変位量は，カンチレバーの背面にレーザー光を照射し，その反射光の変化をフォトダイオードで感知することによって検出することができる．

通常，AFM に内蔵されたスキャナーは電圧を加えると伸縮する圧電素子でできており，xyz のそれぞれの方向に動く圧電素子が組み込まれている．したがって検出された探針・試料間の変位量に応じて，z 軸の圧電素子に電圧を加えることで，探針・試料間の原子間力を常に一定に保つことができる．この状態で xy 軸の圧電素子で探針ないし試料を xy 方向に走査し，xy 平面のそれぞれの部位での z 方向の変位量やフィードバック電圧を記録する．これにより試料表面の表面形状をコンピュータ上で画像化することができる．

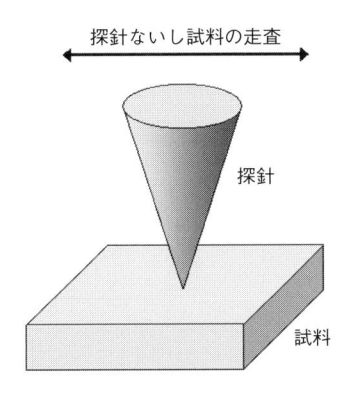

図 7.1 走査型プローブ顕微鏡（SPM）の原理
SPM はレンズの代りに探針（プローブ）をもった顕微鏡である．この探針を試料に近接させ，探針・試料間に生じる物理量を制御しながら，探針ないし試料を xy 平面上で走査する．

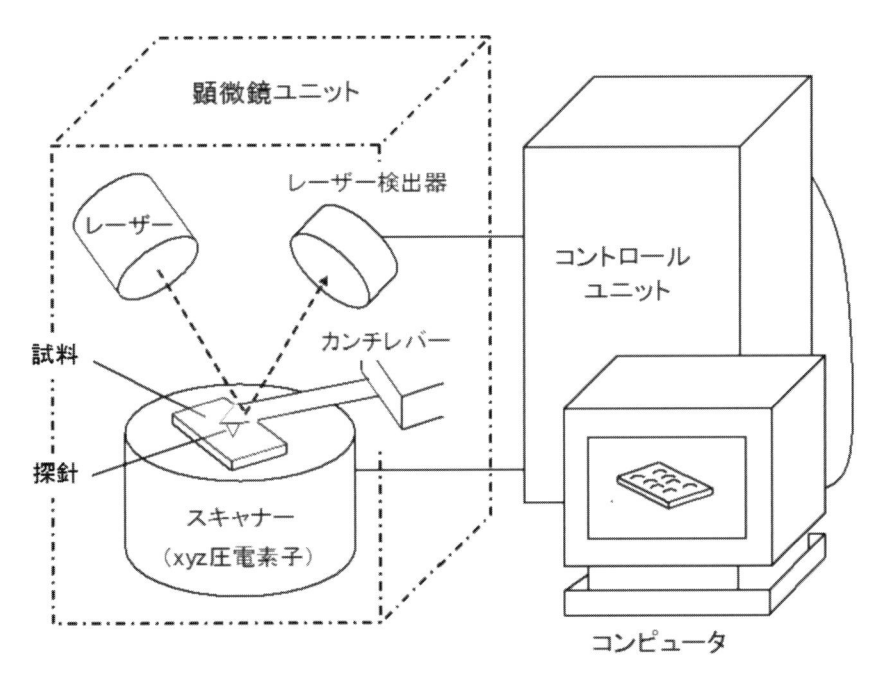

図 7.2 原子間力顕微鏡（AFM）の構造
AFM の探針はカンチレバーの先端にある．探針・試料間の力は，カンチレバーのたわみや振動の変位量として感知される（光てこ式）．この変異量をもとにスキャナーを制御し，画像をつくる．

　カンチレバーの変位量を測定する際に，カンチレバーを試料に単純に接触させる方法（コンタクトモード）と，カンチレバーを共振周波数付近で振動させた状態で試料に近づける方法（ダイナミックモード）が用いられる．このうちコンタクトモードでは，探針・試料間に加わる力をカ

ンチレバーのたわみとして検出する．一方，ダイナミックモードでは，振動するカンチレバーの振幅や位相が探針・試料間に加わる力によって変化する様子を検出する．したがって，ダイナミックモードでは，コンタクトモードよりも小さい力を検出することができ，標本へのダメージを軽減することができるので，生物分野ではこの方法が多く用いられている．

◆ 7.2 AFM の特徴と 3D 画像 ◆

AFM の特徴としては，① 試料表面の立体凹凸形状をきわめて高い分解能（原子オーダー）で解析できる能力をもつこと，② xy 平面だけでなく z（高さ）方向の情報を数値として測定することができること，③ 試料の導電性に関係なく観察ができること，④ 真空中以外に大気中や液中での観察ができること，などがあげられる．

AFM により得られる画像は，高さ（z 軸の情報）を色のグラデーションで表現することが一般的である（図 7.3）．しかし，高さの情報の表現の仕方は多様であるから，単純な地図のような等高線として表現することもできるし，さらにパソコンの画像処理を用いれば，ポリゴン表示など多様な 3 次元構築像として表現することも可能である（図 7.4）．また，その 3 次元構築像は，当然コンピュータ上で任意の角度からの観察が可能である．

なお，このように AFM にはもともと 3D 情報（xyz の各数値情報）が含まれていることから，この情報を上手に利用すれば，3 次元構築像のステレオイメージングも可能である．これには画像処理装置で疑似的に角度の異なる 2 枚の 3 次元像を構築し，これをステレオペアとして扱う（図 7.5）．この際，ステレオ画像の表示法はきわめて重要で，サーフェスモデリングの方法によってその効果が異なる点については注意が必要である．

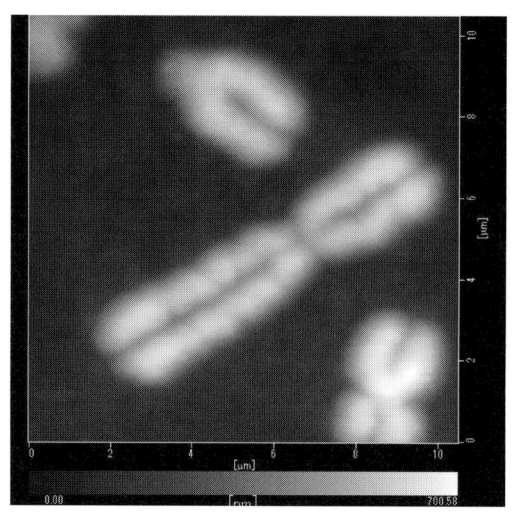

図 7.3 ヒト染色体の AFM 像（口絵 6 参照）
AFM 画像は，通常は高さ情報を色のグラデーションで表現する．図の下のバーは，700.58nm の高低差をグラデーションにして示したものである．

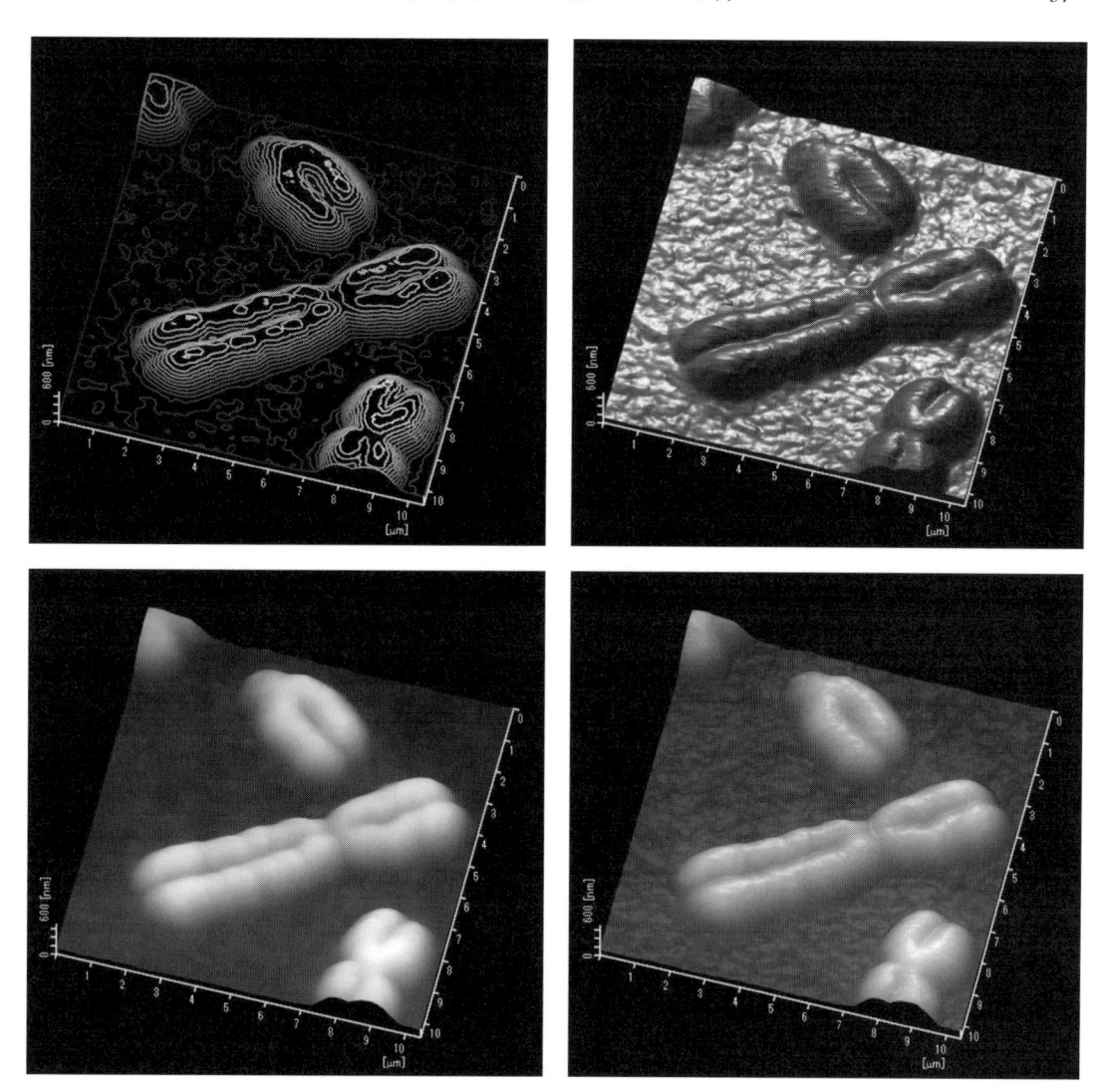

図 7.4　多様な 3 次元画像表現
図 6.3 の画像情報に基づいて，異なる手法で 3 次元表示したもの．

◆　7.3　AFM のバイオ 3D イメージング例　◆

　実際にこれまで行われてきた AFM のバイオイメージングについて対象材料から整理すると，次のようなものがある[4,5]．
① 生体高分子の観察：DNA，脂質二重層，蛋白分子（コラーゲン分子やミオシンなど）などの構造解析に利用されている（図 7.6）．AFM によるこうした高分子の観察は，大気中でも透過電顕のシャドウイング法と同程度の解像度での観察ができるが，液中での観察も可能なので今後の活用が最も期待される分野である．
② 細胞内外から単離・精製された構造物の観察：アクチンフィラメント，染色体，コラーゲン

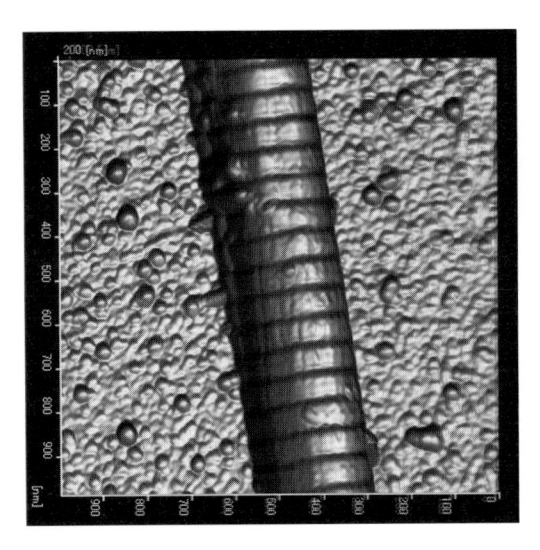

図 7.5 アナグラフ表示による AFM のステレオイメージング（コラーゲン細線維）（口絵 7 参照）

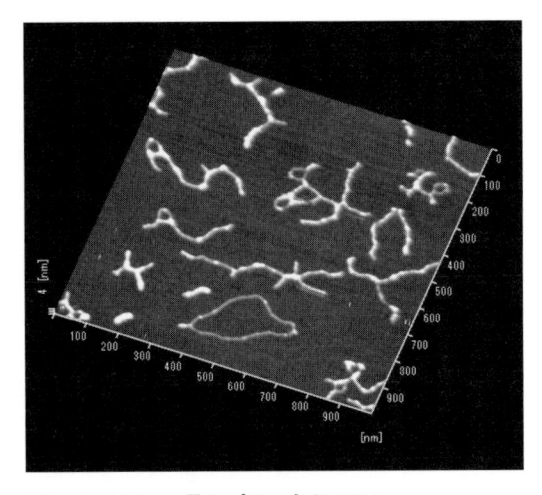

図 7.6 AFM で見たプラスミド DNA
DNA（pUC18）を蒸留水で希釈して，マイカ上に付着させたのち，大気中ダイナミックモードで観察したもの．環状の DNA が明瞭に観察される．

細線維などの立体微細構造の解析が試みられており，その液中観察も可能になってきている（図 7.3，7.5）．

③ 細胞や組織の観察：生物組織の樹脂切片，脱包埋切片，凍結切片標本を用いた微細構造の観察に加えて，培養細胞を生きたまま液中で測定することが行われている．この液中観察では，細胞突起の形状や，細胞膜直下の細胞骨格の形状を解析することができる．また細胞の動きを数分間隔でコマ撮り撮影し，画像をコンピュータ上でつなぎ合わせて動画を作製するという試みもなされている．

なお，これまでの AFM は，1 枚の画像を得るために数十秒から数分という時間を必要としたが，最近ではビデオレートに近い AFM が出現し，ハイスピードで生体高分子の液中観察も可能になってきている[6]．また，とくに高分解能観察を主体にした非接触型 AFM の応用により，DNA のらせん構造の可視化が可能となってきている点も特記すべきである．

◆ 7.4　AFM のイメージング以外の利用法 ◆

以上，AFM による 3D イメージング例について述べてきたが，AFM が試料を「触る」顕微鏡であるという特徴を生かして，イメージング以外にこの顕微鏡を用いる動きもある．たとえば，AFM の探針を試料に押しつけることで，試料の粘性や弾性を測定することができる（粘弾性顕微鏡ともいう）し，先端に特定の分子を結合させて蛋白分子の延伸特性を解析する試みや，抗原・抗体間の結合力を測定するというような応用例も報告されている．また AFM の探針によるナノダイセクションの試みもある[7]．

◆ 7.5　AFM以外のSPMのバイオ応用 ◆

　AFM以外の多様なSPMが存在することは既に述べたが，そのバイオ応用もいろいろと行われている．古くはSTMによる生体高分子イメージングがあるが，そのほかにケルビンプローブフォース顕微鏡（KFM），走査型近接場光学顕微鏡（SNOM），走査型イオン伝導顕微鏡（SICM）などの生物学応用も知られており，これらはAFMだけでは得られない表面情報の解析に利用されている．たとえば，SNOMは，探針・試料間に差し込んだ近接場光を利用して光学像を得るもので，標本の表面の光情報を数nmの分解能で解析することが可能である．とくにSNOMとAFMを組み合わせたタイプの顕微鏡（SNOM/AFM）では，標本の表面凹凸形状とともに，測定部位の光情報が得られる．たとえば蛍光免疫染色をした標本をこの顕微鏡で観察することにより，表面凹凸像（AFM像）とその部位の蛍光像（近接場光学像）を同時に測定することが可能となっている[8]．また，SICMでは探針の代りにマイクロピペット電極を用い，ピペット先端が標本に近接することで生じるイオン電流の変化を制御することで画像を作ることができるが，この顕微鏡により従来のAFMとよく似た表面形状イメージングが液中で可能であることが報告され注目され始めている（図7.7）[9,10]．

　以上，SPM，とくにAFMの原理と特徴を紹介し，これによる3Dイメージングの特徴を解説した．またそのバイオ分野での応用例を示し，さらにAFM以外のSPMの応用についても簡単に紹介した．
　SPMはこれまでの光学顕微鏡や電子顕微鏡とは一味違う顕微鏡で，使い方によっては様々な情報が得られる魅力的な顕微鏡である．とくに液中で電子顕微鏡レベルの観察が可能な点は，この顕微鏡の大きな特徴である．また，形状以外の情報を同時に得ることができる点も大きな魅力

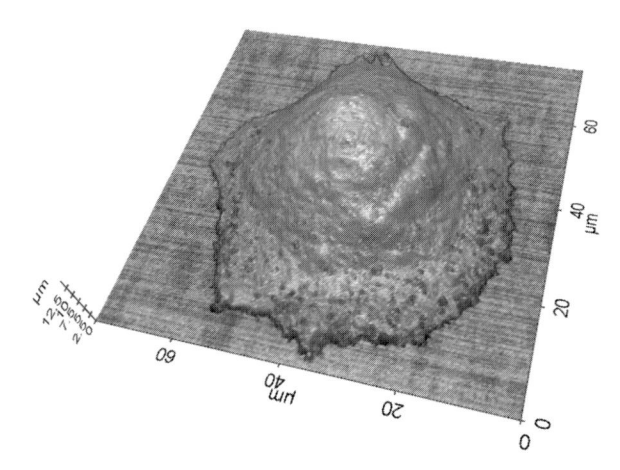

図7.7　SICMによるHeLa細胞の液中イメージング（口絵8参照）
グルタールアルデヒドで固定したHeLa細胞を液中でSICM観察を行ったもの．背の高い細胞の表面の微小な突起も観察できる．

といえるだろう．一方で，その限界もいろいろあり，観察できる試料が限られる点も理解しておくべきである．SPMの利用に当たっては，こうした点をよく理解した上で，適切な試料作製法や測定法を選ぶ必要があるが，その先には電子顕微鏡ではたどり着けない新たな世界が広がっているに違いない．

文　献

1) Binnig G., Rohrer H. : Scanning tunneling microscope, *Helv. Phys. Acta.*, **55**, 726-735, 1982
2) Binnig G., Quate C.F., Gerber C. : Atomic force microscope, *Phys. Rev. Lett.*, **56**, 930-933, 1986
3) Meyer E., Hug H. J., Bennewitz R. : Scanning probe microscopy, the lab on a tip, Springer, Berlin-Heidelberg, 2004
4) Ushiki T., Kawabata K. : Scanning probe microscopy in biological research. In : Bhushan B, Fuchs H., Tomitori M. (eds) : Applied Scanning Probe Methods X. Biomimetics and industrial applications, pp. 285-308, Springer, Berlin-Heidelberg, 2008
5) 牛木辰男，星　治：走査型プローブ顕微鏡による生体構造と機能のイメージング―生体高分子から生きた細胞の観察まで―．応用物理，**74**, 1563-1568, 2005
6) Kodera N., Yamamoto D., Ishikawa R., Ando T. : Video imaging of walking myosin V by high-speed atomic force microscopy, *Nature*, **468**, 72-76, 2010
7) Iwata F., Kawanishi S., Aoyama H., Ushiki T. : Development of a nano manipulator based on an atomic force microscope coupled with a haptic device : a novel manipulation tool for scanning electron microscopy, *Arch. Histol. Cytol.*, **72**, 271-278, 2009
8) Kimura E., Hitomi J., Ushiki T. : Scanning near field optical/atomic force microscopy of bromodeoxyuridine-incorporated human chromosomes, *Arch. Histol. Cytol.*, **65**, 435-444, 2002
9) Novak P., Li C., Shevchuk A. I., Stepanyan R., Caldwell M., Hughes S., Smart T. G., Gorelik J., Ostanin V. P., Lab M. J., Moss G. W., Frolenkov G. I., Klenerman D., Korchev Y. E. : Nanoscale live-cell imaging using hopping probe ion conductance microscopy, *Nat. Methods.*, **6**, 279-281, 2009
10) Ushiki T., Nakajima M., Choi M., Cho S.J., Iwata F. : Scanning ion conductance microscopy for imaging biological samples in liquid : a comparative study with atomic force microscopy and scanning electron microscopy. *Micron*, **43**, 1390-1398, 2012

あとがき

　本書では，形態科学に新しい 3D 技法を導入する上での，主に技術的な側面を扱った．当然のことながら，3D 技法が急速に進展しつつある時代的な背景があることはいうまでもない．その一方で，「なぜ 3D 技法が必要なのか？」という基本的な問いかけについては，ほとんど自明のこととしているためか，改めて問題にされてはいない．

　当 NPO 法人「綜合画像研究支援」では例年セミナーを行っているが，平成 23 年度の第 7 回 IIRS セミナーでは，2011（平成 23）年 11 月 12 日に和氣健二郎氏（ミノファーゲン株式会社顧問，東京医科歯科大学名誉教授），濱 清氏（大学共同利用機関法人自然科学機構生理学研究所名誉教授），光岡 薫氏（（独）産業技術総合研究所タンパク構造情報解析研究チーム長）のお三方をお招きして，鼎談『電子顕微鏡による生物試料 3D 観察の夜明けから現在，そして将来』という題でお話をいただいた．司会の労は光岡氏に執っていただいた．

この席で講師の方々から，3D 技法への期待に向けた極めて重要な視点が提示された．その一部を抜粋して以下に記録する．

　肝臓の組織学の第一人者である和気健二郎氏は，肝臓を構成する各種細胞，つまり類洞壁の細胞群，肝実質細胞，星細胞の立体的な相互関係を知るために，連続切片からの立体復構法，SEM 観察によって 3 次元解析をした事例を提示された．その中で，類洞血管のでき方，内皮細胞における有窓構造の形成が 3 次元解析によってはじめて明らかになったという．また，デイッセ腔にある星細胞についても，3 次元的な構造解析によって，この細胞が類洞の壁を外側から完全に包み込んでいるばかりか，細胞突起が複数の類洞を橋渡ししている様子が示された．こうした構造的特性より星細胞が類洞血管の血流量の調節にかかわっていることが推定されたが，その後，この仮説が実験的に証明された．これらの事例をふまえて，「3 次元というのはただ立体的に見るということではなくて，新しい，今まで想像していなかった，あるいは全く見えなかった構造が見えてくる．その点で形態の 3 次元解析は非常に意味がある」と結論された．

　一方，濱 清氏は機能の理解に有効な形態情報に求められる特性として，
1. できるだけ生体に近い状態での情報であること
2. 高い空間と時間の分解能を持つこと
3. 物質とその代謝の情報を持つこと
4. 定量的であること

の，4 項目をあげられたが，形態学の本質を鋭く突いたものである．この考えに従うなら，切片による 2 次元的な形態学には限界があることは明らかである．それはとりもなおさず，生命体が 3 次元的な空間の中で構築されているものであることを見れば当然である．さらに濱氏は「視野

分解能」という考え方を提唱された．視野分解能 Field Resolution（FR）とは，1視野内での有効な情報量を意味していて，この観点で考えると，FR は視野が広いほど，また，試料が厚いほど大きくなる．高い FR を得るには観察の目的に応じて適当な倍率と厚さを選ぶ必要があり，厚い試料観察のためには超高圧電子顕微鏡が有効である．こうした必然的な帰結より，濱氏の研究は丁度一般の電顕が広く利用されるようになってきた 1967 年頃より，いち早く超高圧電顕を使用して厚い切片の観察に向けられるようになった．その結果，単純な超薄切片による 2 次元的な解析だけではおよそ気がつかなかった新しい事実が観察されるようになってきた．100 nm 以下の超薄切片ではよくわからなかった微細構造が，50 倍厚の 5 ミクロン切片では明瞭に示すことができ，その例として，電気シナプスを構成する 2 つの細胞膜では，3 nm ほどの間隙をはさんで両膜が対峙していること，胃の壁細胞で塩酸の分泌にかかわる細胞内分泌細管の複雑な膜構造が明瞭に示されることを挙げた．

また，厚い標本で得られた画像情報を立体メガネの使用で立体視すると，1 個の神経細胞がシナプスによって他の神経細胞と連結している様子が明瞭に示されるほか，嗅上皮における僧帽細胞の線維連絡の状態を直視することができる．グリア細胞についても，神経細胞，毛細血管との立体的な関係が明瞭に示されて，こうした形態的な特性からグリア細胞の機能が明らかになった．さらには，厚い標本を超高圧電顕法で定量的な観察も可能であることが具体的な事例としてあげられた．これらの経験をもとに，「立体視によって上述した形態情報の特性がはじめて確保される」と結論された．

光岡氏は蛋白質分子の立体構造解析の具体的な例として，バクテリオロドプシン，アクアポリン 1，プロスタグランジン E2 合成酵素の構造解析について述べられ，立体構造がそのまま分子の機能発現につながる実例を示された．次いで，今，話題になっている新しい超解像顕微鏡法として STED，電子顕微鏡トモグラフィー法，連続薄切走査電顕法を取りあげ，3 次元構造の解析に資する新しい形態分析装置が次々に開発されている現状をレビューされた．

この鼎談では，3D 技法によって未知の構造が初めて解析されることが議論されたわけだが，3D 観察の最大の狙いがここにあることを改めて認識しておく必要があるだろう．3D による解析技術は装置の開発と相まって，これから益々発展して，新しい超顕微鏡法などによる生きた生物における機能と構造の解析と電顕レベルの情報とを有機的に結合させて，動的な形態科学の一翼を担うものとなるであろう．そのため，近未来の新しい形態科学においては，3D 観察技法が基本的な推進力になるものと期待される．

索　引

欧　文

AFM(atomic force microscope)　89,94
AFMマニピュレータ　89
ART　48

bitmap　3
blending　21
BMP　3,4

CEMOVIS　64
ColorCode 3-D　23
CT　3,60

directional backlight　27
DNA　97
Dolby-3D　22
DSLM　29

flat shading　2
freeze deep etching replica　61

half-silvered mirror　26
HILO法　29

ImageJ　35,38
IMAX 3D　21
in plane arrangement　20
IPD(interpupillary distance)　8

JPEG　3,4

LUT(lookup table)　4

MRI　3

on-screen disparity　8
Osirix　38

patterned retarder　24
pixel　3
PNG　3
polarization　19
polygon model　2

preprophase band　52
Real D　22
rendering　2

S3D　7
scan backlight　26
SEM　79
SICM　99
smooth shading　2
SPIM (selective plane illumination microscope)　45
SPM(scanning probe microscopy)　94
STED顕微鏡　29
STM (scanning tunneling microscope)　94
STORM　29
sub-volume　64

TIFF　4
time divide　21
topography　61

viewing position　20
VRML　37

wave length　19

XpanD　21

γチューブリン　55

ア　行

赤青メガネ　83
アクチン繊維（線維）　55,63
アクチン排除域　59
アクティブメガネ　20
アクティブメガネ方式　24
アスペクト比　5
圧縮　3
アナグリフ　19,21,83,91

位置合わせ　36
インテグラル方式　26

エクソサイトーシス　57
エポン樹脂　39
エンドサイトーシス　57
円偏光化フィルター　24

凹凸情報　69
凹凸判断　76
重み付き逆投影法　48

カ　行

加圧凍結法　53
角度情報　72
画像処理　74
仮想切片　64
仮想立体視　7
画素重畳　21
画面　8
画面上像差　8
ガリレイ式実体顕微鏡　30
カンチレバー　89,94

基線　8
逆視　12
逆投影法　47,48
共焦点レーザー顕微鏡　62

空間構造　65
クライオ電子顕微鏡　52,63,64
クラスリン　57
クラスリン被覆小胞　57
グリノー式実体顕微鏡　30
クロストーク　13,24

傾斜角度測定　76
傾斜角度分解能　70
傾斜像シリーズ　49
結晶回折　63
ケルビンプローブフォース顕微鏡　99
原子間力顕微鏡　89,94

高圧凍結法　53
光学的切片　61
交差法　18
高精細　44

校正試料　74
高倍率観察 3D-SEM　88
固定液　39
コラーゲン細線維　97
コントラスト　74
コンピュータグラフィックス　73
コンピュータトモグラフィー　47,60

サ 行

サーフェスモデリング　33,38,96
残像効果　20
サンプルチルト法　80,85

視位置制限　20
視覚　14
時間制限　20
指向性光源　27
自己検知型カンチレバー　90
視差角　79
視差画像　17,85
視差情報　16,67
視差バリア　25
四酸化オスミニウム　54
時分割　21
収差低減レンズ　88
樹脂包埋　52
植物細胞　51
試料傾斜法　80
試料損傷　49
シルバースクリーン　22
心理的要因　14

スキャナー　90
スキャンバックライト　26
スキャンローテーション　80
スタンドアロン型　90
ステレオ観察法　67,89
ステレオペア　82
スムーズシェーディング　2
スロットメッシュ　55

正規化反射電子差信号　68
生体高分子　97
生理的要因　15
整列　35
セグメンテーション　50
ゼブラフィッシュ稚魚　92
染色体　97

双眼実体顕微鏡　29
走査型イオン伝導顕微鏡　99

走査型近接場光学顕微鏡　99
走査型電子顕微鏡　61,67,79
走査型トンネル顕微鏡　94
走査型プローブ顕微鏡　94
粗動機構　90

タ 行

代数的再構成法　48
高さ情報　72
多眼式　17
多光子励起顕微鏡　29
多光子レーザー顕微鏡　44
多重投影　21
多層膜コーティング　19,23
タマネギ　52
多面体（ポリゴン）モデル　1
単粒子解析法　63

超多眼方式　26

低加速電圧反射電子像　74
デジタルプロジェクタ　21
電子線回折　63
電子線トモグラフィー　49,51

同期信号発生装置　32
凍結エッチングレプリカ法　61
瞳孔間距離　8,9
トポグラフィー　61
トモグラフィー　47,60,64
トモグラム　54
トリミング　40,42
トレース　34,36

ナ 行

ナノマシン　51

二次電子　79

粘弾性顕微鏡　98

ハ 行

波長制限　19
ハプティックデバイス　90
ハーフミラー　26
パラフィン包埋　39
反射電子検出器　68
反射電子差信号　69
反射電子信号　69

ピクセル　3
微小解剖　42,43
微小管　52,55
ビットマップ　3
微動・走査機構　90
被覆ピット　57
ビームチルト法　85
ビュアー　37,40
ヒューマンインターフェイス　90
表皮細胞　52
氷包埋　63
標本　35

フィルターメガネ　19
複数検出器法　67
輻輳　15
輻輳角　10,17,79
負染色像　63
不透明度　4
フラットシェーディング　2
プロトフィラメント　55
分光フィルター　22
分光フィルターメガネ　23
分裂準備帯　52
分裂面挿入位置　59

平行ビーム走査　71
平行法　18
偏光軸変換フィルター　22
偏光制限　19
偏光方式　24
偏光メガネ　21

ボクセル　4
ボクセルサイズ　4
ポリゴンレンダリング　1
ボリューム解像度　5
ボリュームサイズ　5
ボリュームレンダリング　4,33,38
ホログラフィック方式　26

マ 行

マイクロ CT　51
マニピュレーション　89
マニピュレータ　89

ミッシングウェッジ　47

免疫エッチングレプリカ法　65
免疫電子顕微鏡法　59
面内割当　20

ヤ 行

歪　10

ラ 行

裸眼立体視　20

立体鏡　14
立体再構築　34
立体視　17
立体視3D　7
両眼視差　15

ルックアップテーブル　4

励磁電流値　67
レーザー共焦点顕微鏡　3, 29
連続傾斜像　61
連続写真　35, 40
レンダリング　2, 7
レンチキュラレンズ　25

数 字

2Dハイビジョン　26
2眼式　17
2軸傾斜　47

3D　67
3D-SEM　91
3D安全ガイドライン　13
3Dイメージング　89, 91, 92
3D像再構築　67
3Dモニター　12
4チャンネル検出器　78
32 bit　36
64 bit　36

執筆者紹介 (執筆順)

◆**牛木辰男**（うしき たつお）
新潟大学大学院　医歯学総合研究科　顕微解剖学分野　教授

1982年，新潟大学医学部卒業．1986年，新潟大学大学院医学研究科博士課程修了．医学博士．1995年より現職．医学部の学生のころから走査電子顕微鏡に興味をもち，卒業後もその医学生物学応用を中心に様々な細胞や組織の三次元微細構造解析を行ってきた．その間に，同じような3Dイメージングが可能な装置として，走査プローブ顕微鏡に興味をもった．こうした研究を通じて，細胞や組織の機能を知るためには，その立体としての構造を正しく理解することが重要なのだと，益々感じるようになってきている．百聞は一見にしかず．スライスだけではわからない3Dの世界を，よりリアルに，そしてできたら生きた状態で可視化すること，それが今後の目標である．
研究室のHP URL：http://www.med.niigata-u.ac.jp/an3/welcome/html

◆**高沖英二**（たかおき えいじ）
株式会社メタ・コーポレーション・ジャパン代表取締役　医学博士

1979年，大阪大学人間科学部卒業．一旦は脳研究を志すも芸術の道へ転向．彫刻家故山本恪二氏に師事し人体彫刻を学ぶ．その後大阪大学工学部でCGを学び，その表現手法の1つであるメタボールを拡張した偏心メタボールを考案した．1987年にNHKに招かれて上京し，翌年会社を設立し現在に至る．CGの代表作には，日本初の作家名入りの全篇CGのテレビコマーシャル「IMAGICAビーナス」(1988)や，米国シカゴにおけるSIGGRAPHのElectronic Theaterで上映された「エキセントリック・ダンス」(1992)などがある．現在は，知識を多次元的・構造的に取り扱うためのシステム：Knowledge Organizing Systemを構築することと，「生命現象の感動的様相」を4次元的に描くことに熱中している．
http://www.metaco.co.jp, http://www.actioforma.net

◆**伊藤　広**（いとう ひろし）
EIZO株式会社　知的財産部　知的財産課長　兼　映像商品開発部　プラットフォーム開発課先端技術担当開発マネージャー

1987年，日本情報技術専門学校情報システム工学科卒業．1987年，株式会社エヌ・ジェー・ケー入社．1988年株式会社ナナオ（現EIZO株式会社）入社，2013年より現職．専門はソフトウェア工学で主にPC用グラフィクスボードの制御ソフトの開発に従事．1990年代にはステレオ表示を実現するハード/ソフトの開発を行うなど，CRT/LCDモニター全般における表示制御/システム制御の知識を習得．近年は光学系やヒトの視覚特性にまで踏込んだ表示の仕組みそのものの研究・開発を行い，より自然な裸眼3D表示の実現を目指している．
企業のHP URL：http://www.eizo.co.jp/

◆**駒崎伸二**（こまざき しんじ），**亀澤 一**（かめざわ はじめ），**猪股玲子**（いのまた れいこ）

埼玉医科大学　医学部　解剖学　准教授（駒崎），助手（亀澤，猪股）

駒崎は1979年に新潟大学大学院理学研究科修了後，同年に埼玉医科大学・解剖学に着任，1986年医学博士（埼玉医科大学），そして，現在に至る．亀澤は1981年に東京電子専門学校を卒業後，同年に埼玉医科大学に着任して現在に至る．猪股は1984年に城西大学を卒業後，1986年に埼玉医科大学に着任して現在に至る．

我々は，現在，ヒトを含めた動物の体や胚の構造を医学部の学生に教えている．その中で，立体モデルや，動く立体アニメーションなどの教材が利用できれば，学生の理解力がより高まると考えている．そのためには教育のIT化が必要と考え，ただいま，それに向けた準備を進めている．たとえば，現存する貴重な人体標本を高精細にデジタル化（組織標本のバーチャルスライド化や連続標本の立体モデル化など）して，それを教育用の教材として活用する技術の開発を行っている．目標は，誰もが利用できる経済的で簡便な教材作成の技術と，その教材を実際の教育で有効に活用できるシステムの開発，ならびに，その普及である．それとともに提案しているのが，日本（世界）中に現存している貴重な標本をデジタル化して，それを教育用の教材として広く公開することである．そうすれば，貴重な標本を人類の共有財産として後世に伝えていくことができると考えている．

◆**光岡　薫**（みつおか かおる）

一般社団法人　バイオ産業情報化コンソーシアム　特別研究職員

1989年，東京大学理学部卒業．1994年，東京大学大学院理学系研究科博士課程修了．博士（理学）．2013年より現職．理学部の学生のころから電子顕微鏡を用いた生体分子の構造研究に一貫して取り組んでおり，卒業後は膜タンパク質の二次元結晶からの電子線結晶構造解析を主に行ってきた．その間に，結晶を用いずに構造解析が可能な方法として，単粒子解析に興味をもち，現在では，主に単粒子解析の研究に取り組んでいる．これらの研究を通じて，機能している状態の膜タンパク質や生体高分子複合体の立体構造を高分解能で可視化し，その機能と構造を関係付けたいと考えている．

◆**峰雪芳宣**（みねゆき よしのぶ）

兵庫県立大学大学院　生命理学研究科　ピコバイオロジー専攻　教授

1978年，東京大学理学部卒業，1984年，東京大学大学院理学系研究科植物学専攻博士課程単位取得退学．理学博士．オーストラリア国立大学（後半2年間日本学術振興会海外特別研究員），ジョージア大学，広島大学を経て2005年より現職．植物の形を左右する要因の1つである細胞の枠組みを決める機構について研究を行っている．電子顕微鏡とライブイメージング，およびそのデジタル画像処理法を使ったホウライシダの細胞周期進行に伴った微小管と細胞内運動変化の解析によって学位を取得．それ以降，蛍光抗体法，共焦点レーザー顕微鏡法，電子線トモグラフィー法，SPring-8を使ったマイクロCT法などの技術を使って3Dで形を"みる"ことにこだわって研究している．最近は，局所・大局ライブイメージング顕微鏡システムを作製し，1個の細胞の細胞全体の構造変化と特定領域の細胞表層局在分子の挙動変化とを並行して調べている．

研究室のHP URL：http://www.sci.u-hyogo.ac.jp/life/biosynth/index-j.html

◆臼倉治郎（うすくら じろう）

名古屋大学　エコトピア科学研究所　教授

1973年横浜市立大学文理学部卒業，1981年東京大学大学院医学系研究科博士課程修了（医学博士），1981年東京大学助手，1989年名古屋大学医学部助教授を経て2006年より現職．当初，嗅覚，視覚など感覚生理学を専攻し，これらの受容初期過程が全て膜タンパク質を介して行われていることから，膜構造の重要性を知った．そのころ，偶然にFreeze-fracture replica法の祖であるRussell Steere博士の講演を拝聴する機会があり，膜構造の解明にはこの方法が必須と思い，習熟した．その過程で凍結法や様々な試料作製法に興味をもち，学んだ．現在は細胞周期にともなう核膜周辺のアクチン細胞骨格の空間構造変化に興味をもち，研究している．

◆於保英作（おほ えいさく）

工学院大学　情報学部　情報デザイン学科　教授

1987年，工学院大学大学院工学研究科博士課程修了．工学博士．大学生時代に走査電子顕微鏡（SEM）と出会う．ノイズが大変多く装置の操作も難しかったが，苦労して取得したSEM像に大きな魅力を感じた．それからは常に画像処理・画像の品質を強く意識した研究を続けてきた．特に最近は人間の特性に強い関心をもち，様々な視覚の特徴を研究に反映させている．元々人に備わっている立体視機能（3D）も，その特徴に負うところが大きい．今までもち続けている研究意欲として，SEM試料から可能な限り多くの情報を取りだせる顕微鏡システムを考案したい．

◆伊東祐博（いとう すけひろ），小竹　航（こたけ わたる），山澤　雄（やまざわ ゆう）

株式会社日立ハイテクノロジーズ　先端解析システム設計部　部長（伊東），株式会社日立ハイテクノロジーズ　先端解析システム設計部（小竹，山澤）

伊東は1984年日立那珂精器株式会社に入社，以来，走査電子顕微鏡の開発に携わり，走査電子顕微鏡の開発で，牛木教授と出会う．牛木教授の夢であるリアルタイムステレオSEMの開発取りまとめを行い，現在に至る．小竹は，学生時代に走査電子顕微鏡を使用したことをきっかけに興味をもち，走査電子顕微鏡メーカーである株式会社日立ハイテクサイエンスシステムズ（現株式会社日立ハイテクノロジーズ）に入社．以来，走査電子顕微鏡の開発に携わり，特にリアルタイムステレオSEMの電子光学系の開発に従事し，現在に至る．山澤は，2008年，日立ハイテクノロジーズ入社，以来，走査電子顕微鏡の製品開発に従事．2010年7月より2年間，大阪大学超高圧電子顕微鏡センター特任助教としてビームチルト法における収差補正に関する研究に従事し，現在に至る．

◆岩田　太（いわた ふとし）

静岡大学大学院　工学研究科　機械工学専攻　教授

1990年，静岡大学工学部卒業．1992年，静岡大学大学院工学研究科修士課程修了，博士（工学）．富士通株式会社勤務を経て，1994年より静岡大学工学部教員．2010年より現職．ナノスケールでの計測・加工技術に興味をもち，走査型プローブ顕微鏡やマイクロ・ナノマニピュレータの開発に取り組んでいる．微小領域での次世代モノづくり技術では，ナノスケールで観察するだけでなく，加工したり組み立てたりする

マニピュレーション手法の向上が不可欠である．電子顕微鏡のリアルタイム3Dイメージング技術は，デバイスの組み立てや顕微解剖といった複雑な作業でも奥行や立体感をリアルに感じながら，操作性よく行うことができる．ますます広がる3Dイメージングの可能性をナノエンジニアリングの世界において探求したいと考えている．
研究室のHP URL：http://tf2a14.eng.shizuoka.ac.jp/

3Dで探る 生命の形と機能　　　　　　　　　　定価はカバーに表示

2013年10月25日　初版第1刷

編　集	NPO法人 綜合画像研究支援
発行者	朝　倉　邦　造
発行所	株式 会社　朝倉書店

　　　　　　　　　　　　　　　東京都新宿区新小川町 6-29
　　　　　　　　　　　　　　　郵便番号　162-8707
　　　　　　　　　　　　　　　電　話　03(3260)0141
　　　　　　　　　　　　　　　FAX　03(3260)0180
　　　　　　　　　　　　　　　http://www.asakura.co.jp

〈検印省略〉

　　　　　　　　　　　　　　　　　　　　　　真興社・渡辺製本
© 2013 〈無断複写・転載を禁ず〉

ISBN 978-4-254-17157-0　C3045　　　　　　　Printed in Japan

JCOPY　＜(社)出版者著作権管理機構　委託出版物＞

本書の無断複写は著作権法上での例外を除き禁じられています．複写される場合は，そのつど事前に，(社)出版者著作権管理機構（電話 03-3513-6969，FAX 03-3513-6979, e-mail: info@jcopy.or.jp）の許諾を得てください．

前お茶の水大 太田次郎監訳　元常磐大 藪　忠綱訳
図説科学の百科事典1
動 物 と 植 物
10621-3 C3340　　　A4変判 176頁 本体6500円

多様な動植物の世界について，わかりやすく発生・形態・構造・進化が関わる様々な事項をカラー図版を用いて解説。〔内容〕壮大な多様性／生命の過程／動物の摂餌方法／動物の運動／成長と生殖／動物のコミュニケーション／生物学用語解説

前埼玉大 石原勝敏著
図説生物学30講〈動物編〉1
生命のしくみ30講
17701-5 C3345　　　B5判 184頁 本体3300円

生物のからだの仕組みに関する30の事項を，図を豊富に用いて解説。細胞レベルから組織・器官レベルの話題までをとりあげる。章末のTea Timeの欄で興味深いトピックスを紹介。〔内容〕酵素の発見／細胞の極性／上皮組織／生殖器官／他

筑波大 野村港二編
細 胞 生 物 学 実 験 法
17133-4 C3045　　　B5判 168頁 本体3800円

生化学・分子生物学における細胞レベルの実験に際して重要な基本的操作を，平易かつ実用的に記載。〔内容〕実験を始める前に／生物材料の入手・同定と保存／組織・細胞の培養，採取・分別・分画／生物試料の標識／生体分子の抽出・分画／他

日本放線菌学会編
放 線 菌 図 鑑 （普及版）
17154-9 C3645　　　A4判 244頁 本体9800円

日常服用する抗生物質の70～80％は放線菌から産生されている。本書は放線菌の多様な形態を日本だけでなく世界の第一線の研究者より提供された約450枚の電子顕微鏡写真で現してある。また，巻末には系統樹，生産物の構造式などを掲載した

前京都工繊大 久保田敏弘著
新版 ホログラフィ入門
―原理と実際―
20138-3 C3050　　　A5判 224頁 本体3900円

印刷，セキュリティ，医学，文化財保護，アートなどに汎用されるホログラフィの仕組みと作り方を伝授。〔内容〕ホログラフィの原理／種類と特徴／記録材料／作製の準備／銀塩感光材料の処理法／ホログラムの作製／照明光源と再生装置／他

3次元フォーラム 羽倉弘之・前日本工大 山田千彦・大口孝之編著
裸眼3Dグラフィクス
20151-2 C3050　　　A5判 256頁 本体4600円

3Dの映像・グラフィクス技術は今や産業界だけでなく，家庭生活にまで急速に浸透している。本書は今後の大きな流れになる「裸眼式」を念頭に最新の技術と仕組みを多くの図を使って詳述。〔内容〕パララックスバリア／レンチキュラ／DFD等

猪飼 篤・伏見 譲・卜部 格・上野川修一・中村春木・浜窪隆雄編
タ ン パ ク 質 の 事 典
17128-0 C3545　　　B5判 876頁 本体28000円

タンパク質は，学部・専門を問わず広く研究の対象とされ，最近の研究の著しい発展には大きな興味が寄せられている。本書は，理学・工学・農学・薬学・医学など多岐の分野にわたる，タンパク質に関連する約200の事項をとりあげ解説した中項目形式50音順の事典である。生命現象にきわめて深い結び付きをもつタンパク質についての知見を網羅した集大成とする。〔内容〕アミノ酸醱酵／遺伝子工学／NMR／酵素／細胞増殖因子／受容体タンパク質／膜タンパク質／リゾチーム／他

形の科学会編
形の科学百科事典 （新装版）
10264-2 C3540　　　B5判 916頁 本体26000円

生物学，物理学，化学，地学，数学，工学など広範な分野から200名余の研究者が参画。形に関するユニークな研究など約360項目を取り上げ，「その現象はどのように生じるのか，その形はどのようにして生まれたのか」という素朴な疑問を謎解きするような感覚で，自然の法則と形の関係，形態形成の仕組み，その研究手法，新しい造形物などについて読み物的に解説。各項目には関連項目を示し，読者が興味あるテーマを自由に読み進められるように配慮。第59回毎日出版文化賞受賞

前東大 尾上守夫・東大 池内克史・3次元フォーラム 羽倉弘之編
3次元映像ハンドブック
20121-5 C3050　　　A5判 480頁 本体22000円

3次元映像は各種性能の向上により応用分野で急速に実用化が進んでいる。本書はベストメンバーの執筆者による，3次元映像に関心のある学生・研究者・技術者に向けた座右の書。〔内容〕3次元映像の歩み／3次元映像の入出力(センサ，デバイス，幾何学的処理，光学的処理，モデリング，ホログラフィ，VR, AR, 人工生命)／広がる3次元映像の世界(MRI，ホログラム，映画，ゲーム，インターネット，文化遺産)／人間の感覚としての3次元映像(視覚知覚，3次元錯視，感性情報工学)

上記価格（税別）は2013年9月現在